AQUATOX 生态模型原理与模拟应用

闫金霞　著

中国水利水电出版社
www.waterpub.com.cn
·北京·

内容提要

目前，水生态系统保护受到了广泛重视，模型已被广泛应用于面向流域水环境系统的科学研究、工程规划和管理决策等方面。

本书以美国环保局 AQUATOX 水生态模型（简称 AQUATOX 模型）为基础，以海河流域为立足点，分别选取典型湖泊相、河流相及入海口三种生态类型，分析了 AQUATOX 模型理论基础，构建了水质、水量及食物网综合作用下的湿地生态系统 AQUATOX 模型，模型验证后模拟应用于河流、湖泊和河口，并对三种生态类型功能指标进行差异分析，确定不同生态单元功能与环境影响机制。

本书以期为环境科学、环境生态学相关领域的高校学生、科研工作者和流域管理者提供借鉴。

图书在版编目（ＣＩＰ）数据

AQUATOX生态模型原理与模拟应用 / 闫金霞著. --
北京 ： 中国水利水电出版社，2020.5
ISBN 978-7-5170-8522-5

Ⅰ．①A… Ⅱ．①闫… Ⅲ．①水环境－生态环境－环境保护－工程模型－研究 Ⅳ．①X143

中国版本图书馆CIP数据核字(2020)第062729号

策划编辑：石永峰　　　责任编辑：石永峰　　　封面设计：李　佳

书　　名	AQUATOX 生态模型原理与模拟应用 AQUATOX SHENGTAI MOXING YUANLI YU MONI YINGYONG
作　　者	闫金霞　著
出版发行	中国水利水电出版社 （北京市海淀区玉渊潭南路 1 号 D 座　100038） 网址：www.waterpub.com.cn E-mail：mchannel@263.net（万水） 　　　　sales@waterpub.com.cn 电话：（010）68367658（营销中心）、82562819（万水）
经　　售	全国各地新华书店和相关出版物销售网点
排　　版	北京万水电子信息有限公司
印　　刷	三河市航远印刷有限公司
规　　格	170mm×240mm　16 开本　9.75 印张　160 千字
版　　次	2020 年 5 月第 1 版　2020 年 5 月第 1 次印刷
定　　价	58.00 元

前　　言

作为陆地表层独特而重要的生态系统，湿地在能量和物质循环中起重要作用，也是自然界最富生物多样性的生态景观。但随着人类活动的加剧，流域范围内水质污染严重，许多河流水量减少甚至断流，这直接影响着流域水生态系统的整体平衡。因此，全面系统评估外界干扰对水生态系统的影响，对水资源管理和保护，以及受损水体修复具有重要意义。

生态系统结构和功能反映的是各种环境因子综合作用的结果。这些环境因子相互作用，对水生态系统产生复合效应，很难将某一环境因子单独分离开来。AQUATOX水生态模型综合考虑了食物网中的生产者、消费者和分解者群落，能全面、系统地反映湿地整体状态，为湿地生态系统评估提供了可供选择的新方法。基于水质、水量和食物网构建的 AQUATOX 模型，以强大的功能对水生生态系统进行模型化计算，模拟过去、现在和未来的多个环境因素（包括物理、化学、生物），以及它们对藻类、大型植物、无脊椎动物、鱼类群落甚至整个生态系统的影响。本书介绍了 AQUATOX模型构建的理论基础，并将校核后的 AQUATOX 模型在湖泊、河流、入海口进行了初步验证，结果基本理想，为该模型的推广应用提供了一定的科学依据。

目前，我国水环境和水资源管理正在从单纯的化学污染控制向水生态系统保护转变，从偏重水体服务功能用途的保护向人体健康和水生态系统安全转变，这就要求构建新的水环境管理技术体系，特别需要深入研究生态系统尺度对外界干扰的生态学响应机制。基于食物网模型对于环境因子响应的研究，有助于进一步完善水生态评价技术，尤其是对在流域尺度上的生态评价，为水资源管理和生态环境的改善提供新的思路。

本书由华北水利水电大学闫金霞副教授著写。几年来，基于国家自然科学基金面上项目（41271496）、河南省自然科学基金项目（182300410165）、河南省科技攻关项目（182102311003）和华北水利水电大学高层次人才项目的资助，完成了样品采集、实验测试和数据分析，本书才得以完成。

在本书写作过程中，北京师范大学环境学院刘静玲教授给予了大力支持，华北水利水电大学环境与市政工程学院刘秉涛教授给予了无私帮助，并得到了环境工程学科的资助。环境工程学院 2018 级研究生刘川协助完成了本书。著者在此表示衷心的感谢。

由于著者水平有限，书中疏漏与不妥之处在所难免，欢迎广大同行批评指正。

著者

2019 年 12 月

目　　录

第一章　流域水生态模型简介

第一节　流域水生态模型研究的重要性

河流、湖泊、河口等湿地作为陆地表层独特而重要的生态系统类型，在水分和整个物质循环中起重要作用，被誉为"地球之肾"；它不仅有涵养水源、调节气候的功能，还具有丰富的生物多样性和较高的生产力（Meyer et al., 2015）。湿地是自然界最富生物多样性的生态景观和人类最重要的生存环境之一，也是众多生物的天然物种基因库。

湿地生态系统是水生生物群落与环境共同构成的相互作用的具有特定结构和功能的动态平衡系统。健康的湿地生态系统中，生产者、消费者、分解者形成良性的营养结构和食物网，维持其系统的持续性运行。然而，随着人口的增长和各种经济开发活动的开展，人类活动对湿地生态系统的干扰强度不断向更深、更广的方向拓展，打破了湿地生态系统原有的良性循环和动态平衡，改变了物质循环、能量流动和信息传递的固有渠道和耦合关系，使得湿地安全面临威胁。

流域作为由不同湿地生态系统组成的异质性区域和巨型复合生态系统，受到各种人类活动的强烈干扰。人们对流域资源的过度开发和利用严重影响到流域湿地生态系统健康，并危及流域生态安全（李春晖等，2008）。随着人类活动的加剧，流域范围内水质污染严重，许多河流水量减少甚至断流，这直接影响着流域水生态系统的整体平衡。因此，全面系统地评估外界干扰对水生态系统的影响，对水资源管理和保护，以及受损水体修复具有重要意义。针对受损流域的湿地生态系统恢复进行的机理性和基础性研究，将为流域的管理、保护，以及流域生态恢复提供科学依据，也是保障流域生态安全、促进流域生态环境可持续发展的基础。

研究流域水环境问题的手段主要包括野外观测、室内试验和数值模拟，其中水环境数学模型逐渐成为流域生态系统研究的重要方向。地表水环境数学模型（Surface Water Environment Numerical Models，SWENM）主要分为水动力学模型、水质模型和水生态模型。其基本原理是将气象条件、水动力条件、边界条件等因素进行定量化约束，通过求解方程组，获得污染物的时空分布特征及迁移转化规律；可用于揭示流域水环境关键过程机理、预测水环境过程演变、诊断水环境安全问题、评估治理或管理措施的影响和效益，以及辅助水环境管理决策等（Arhonditsis et al.，2006）。生态模型是真实生态系统的简化。当前，模型已被广泛应用于面向流域水环境系统的科学研究、工程规划和管理决策等方面。美国清洁水计划和欧盟水框架指令的实施表明（Chapra，2003；Volk et al.，2009），流域水环境数学模型已成为流域水环境管理不可或缺的手段，健全的模型是成功实现流域水环境管理的重要保障（赖锡军，2019）。

水生态模型是描述水生态系统中生物个体或种群间的内在变化机制，及构建水文、水质、气象等因素连接的复杂模型，主要用于研究水体富营养化、水质评价及水域系统食物网中各生物群落的变化（Anagnostou et al.，2017）。水生态模型有着完整的理论框架，结构严谨，能从机理上对生物的物理过程以及影响因子进行分析和模拟，因而更能揭示生物生产过程以及生物与环境相互作用的机制。

第二节　常用的流域水生态模型

流域水生态模型研究起步于 20 世纪 70 年代，诞生初期的简单总磷模型成为水生态模型的基石。模型的发展经历了从简单到复杂，从零维到三维的过程，并逐渐用于湿地污染控制和生态系统管理。现代水生态模型考虑了自然界中多因素的相互作用及时空变化，是耦合了湿地水质、生态、水动力及其他因素的综合模型。目前应用较多的生态动力学模型是 Ecopath 模型、CAEDYM 模型、MIKE 21 模型、CE-QUAL-W2 模型和 AQUATOX 模型。

（1）Ecopath with Ecosim（EWE）模型。EWE 模型最初由 Polovina 在研究 Laevastu 渔业生态系统中某个物种的生物量收支平衡时，根据物质和能量收支平衡的理论而建立的简化生态通道模型（Polovina，1984）。Ulanowicz（1986）在此基础上加入一系列生态学理论，用来分析各个功能组之间的能量流动特征。随后 Christensen 和 Pauly（1992a，1992b）结合了 Odum 和 Ulanowicz 等的理论生态学研究成果，将其发展成单独的计算机软件，用以定量分析生态系统营养结构、不同的功能组间能量流动特点，以及评估系统的总体特征等。EWE 模型将生态系统的所有物种简化为多个具有生态上相互关联的功能组分，将其称为功能组（Functional Group），这些功能组必须基本覆盖生态系统的所有能流路径，同时假设生态系统中每一功能组的能量输入、输出都保持平衡（Christensen et al.，2008）。

EWE 模型主要由生态通道（Ecopath）模型、生态模拟（Ecosim）模型和生态空间（Ecospace）模型三部分组成。Ecopath 模型通过对研究区域内生态系统各物种进行分组，并利用相关数据与参数建立数量平衡模型，分析生态系统中生产与消耗的能量流动，进而评估整个生态系统的特征。如 Bradford-Grieve（2003）用 Ecopath 模型对新西兰南部海域进行研究，发现浮游植物初级生产力较低，生态系统中能量流动受到浮游生物的影响，第二营养级和第四营养级生物的营养转化效率达到 23%。Ecosim 模型是在 Ecopath 模型参数的基础上加入时间序列数据，模拟在不同的渔业政策和环境条件下对资源量、渔业生产和生态环境的影响，从而寻找合适的渔业管理策略。Ecospace 模型则是在 Ecopath 模型和 Ecosim 模型的基础上，加入地形、水温等环境因子，将研究海域划为不同的区域进行空间化研究（马孟磊，2018）。

Ecopath 模型在建立过程中以多个相互关联的功能组定义生态系统，包括浮游生物、碎屑和一组规格生态特性相同的鱼类等，这些功能组要能够代表研究区域整个生态系统的运行状况。Ecopath 模型所定义的生态系统的功能组一般不少于 13 个，不多于 50 个，所有功能组需基本能够覆盖整个生态系统能量流动的全过程。根据热力学原理，Ecopath 模型定义系统中每个功能组的能量输出和输入保持平衡，即生产量等于捕食死亡、其他自然死亡和产出量之和，每一个线性方程代表系统中的一个功能组。即

$$B_i \times (P/B)_i \times EE_i - \sum_{j=1}^{K} B_j \times (Q/B)_j \times DC_{ij} - EX_i = 0$$

式中，B_i 为功能组的生物量；$(P/B)_i$ 为生产量与生物量比值；$(Q/B)_j$ 为消费量与生物量的比值；DC_{ij} 为被捕食组 i 占捕食组 j 的总捕食量的比例；EE_i 为生态营养转化效率；EX_i 为功能组的产出量（包括捕捞量和迁移量）。

Ecopath 模型在建立过程中需要输入的基本参数有 B_i、$(P/B)_i$、$(Q/B)_i$、EE_i、DC_{ij} 和 EX_i。其中前 4 个参数可以有任意一个是未知的，由 Ecopath 模型通过其他参数求出，而其他参数必须输入；一般情况下因 EE_i 较难从调查中获得，通常将

其设定为未知数，且在平衡系统中其值介于 0~1 之间。

（2）CAEDYM。CAEDYM 是由澳大利亚西澳大学水研究中心开发的通用水生态动力学模型。CAEDYM 基于传统的"N-P-Z"（Nutrients-Phytoplankton-Zooplankton）过程，涵盖了浮游植物、浮游动物、鱼类、沉水植物、底栖生物、无脊椎动物、微生物、细菌等水生态子系统过程，以及生源要素生物地球化学变化过程与湖泊内源释放的各类形态碳、氮、磷的输移与转化过程。CAEDYM 由多个不同的水质模块组成，包括光学模块、无机颗粒物模块、沉积和悬浮模块、溶解氧模块、物质循环（碳、氮、磷、硅）模块、浮游植物模块、细菌模块、浮游动物模块、高等生物（鱼类、底栖类和水母类）模块、病原体模块、地球化学和金属模块等；水质模块可以与水动力模块进行耦合，驱动的水动力模块包括一维拉格朗日垂直分层水动力模型（Dynamic Reservoir Simulation Model，DYRESM）和三维结构化网格水动力模型（Estuary and Lake Computer Model，ELCOM）。对于水平方向上混合均匀、垂向容易分层的湖泊或者水库，特别是长时间序列的模拟，常常采用 DYRESM（Bruce et al., 2006; Gal et al., 2009; Jones et al., 2018; Luo et al., 2018），而对水平方向差异显著更高的空间分辨率，常常采用 ELCOM（Leon et al., 2011）。CAEDYM 被广泛用于研究营养盐循环、营养负荷的波动对藻类水华和藻类群落演替的影响，同时还可以识别有利于蓝藻成为优势种的条件（叶瑞，2015）。

（3）MIKE 21 模型。MIKE 21 是丹麦水力研究所（DHI）研发的系列水动力学软件之一，主要应用于河流、湖泊、河口、海湾等地区。MIKE 21 包含水动力模块、对流扩散模块、ECOlab 模块、泥沙模块、波浪模块及粒子追踪模块等。水动力模块是 MIKE 21 模型的核心模块，用于模拟各种影响因素下的流场变化过程，是波浪、水质、泥沙及粒子追踪等模块的模拟基础。MIKE 21 模型的水动力模块主要依靠将地形网格化处理，输入底床糙率、边界条件、降水、蒸发、风场、冰盖、涡黏系数、科氏力等影响因素，来分析水位、流速、流向等各种流场要素，可用于广泛的浅水二维自由表面流的模拟。水质模块包括对流扩散模块（AD）和 ECOlab 模块。其中对流扩散模块主要用于解决简单的水质问题，比如溶解态或悬浮态物质的对流扩散和一级降解过程。ECOlab 模块可分为水质（WQ）、富营养化（EU）和重金属（ME）三个子模块，主要用于解决复杂的水质问题。ECOlab 水质模块（WQ）可用于描述水体中的细菌含量、有机物降解和氧环境等。ECOlab 富营养化模块（EU）主要用于描述营养物循环，浮游植物、浮游动物和藻类的生长，植被的分布，以及模拟氧环境。ECOlab 重金属模块（ME）可用于描述水体中金属与悬浮物之间的吸附和解吸附，底泥沉积颗粒与底泥孔隙水之间的金属交换等过程。

MIKE 21 适用于 Windows 系统（98、NT、2000 和 XP），为用户提供了友好的用户界面，强大的 GIS 数据接口和 GIS 数据处理工具，免费的数据处理工具（如 AutoCAD 转换到 MIKE 21 等），开放灵活的环境评价平台 ECOlab 等。但模型源程序不对外公布，使用时有相应的加密措施，需要付费且软件包售价十分昂贵（胡文等，2019）。

（4）CE-QUAL-W2 模型。CE-QUAL-W2 模型是由美国陆军工程兵团（USACE）和波特兰州立大学（PSU）联合开发的立面二维水动力-水质模型。该模型包含六个控制方程：水平动量、水面高程、静水压力、连续性方程、水密度和营养盐运输方程；重点关注各生境因子在水体垂向和纵向上差异性，在河流、水库和近海河口等水域获得广泛应用。基于水动力模块，CE-QUAL-W2 模型能较好地模拟水位、水温、流速分布等，可模拟水质水生态指标超过百种（图 1-1），除水体中氨氮、硝氮、亚硝氮等常规指标，还可以模拟浮游动物、浮游植物、附着藻类、大型植物，以及不同类型的水体有机物等。该模型考虑了上游入流、支流汇入、分布式入流等出入流效果，不同类型入流水体均由入流量、营养盐及水温三部分构成，综合考虑其对水质、水动力及水生态各方面影响。CE-QUAL-W2 模型可以通过 waterbody 将水体以任意方式连接组合，可模拟闸门、泄洪道、大坝等不同类型水工构筑物影响下的水动力学过程，但在水温快速下降的金属成矿带或者在季节性冰覆盖地区，该模型对水温模拟有一定局限性。为此，Terry 等通过修改冰算法以结合可变反射率辅助补充实时监测数据，以降低模型在寒带区域水质模拟应用的不确定性（Terry et al., 2018）。

（5）AQUATOX 模型。AQUATOX 模型由美国 EPA 开发，它以友好的界面和强大的功能对水生态系统进行模型化计算，模拟多个环境因素（包括物理、化学、生物）以及它们对藻类、大型植物、无脊椎动物、鱼类群落，甚至整个生态系统的影响，并且可以模拟计算生态系统生产力。

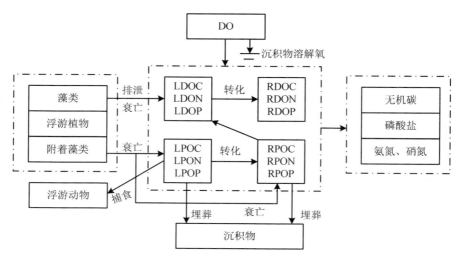

图 1-1   CE-QUAL-W2 水质变量框架图

图中各英文简称为：易降解溶解有机碳（LDOC）、易降解溶解有机氮（LDON）、易降解溶解有机磷（LDOP）、惰性溶解有机碳（RDOC）、惰性溶解有机氮（RDON）、惰性溶解有机磷（RDOP）、易降解颗粒有机碳（LPOC）、易降解颗粒有机氮（LPON）、易降解颗粒有机磷（LPOP）、惰性颗粒有机碳（RPOC）、惰性颗粒有机氮（RPON）、惰性颗粒有机磷（RPOP）。

　　AQUATOX 模型可以帮助识别和理解水质、物理环境、水生生物之间的关系。AQUATOX 模型驱动变量包括入流水量、温度、pH 值、光、风等物理因素，状态变量包括生物体、碎屑成分等生物因素及营养盐、溶解氧、毒物等化学因素。该模型内设 5 个参数库：动物库、植物库、化学物质库、场所库和矿化库，使用者可以根据具体研究对象选择。动物库模拟鱼类和无脊椎动物参数，包括动物名称、毒性记录、种属分类等。植物库模拟藻类和大型植物参数，包括植物名称、毒性记录、种属分类等。化学物质库模拟相关的有机化合物参数，包括化学物质名称、化学物质特性和归宿数据。场数库模拟特定水体参数，场所数据包括最大长度（或范围）、容积、表面积、平均深度、最大深度、年平均蒸发量、温跃层平均温度、温跃层温度范围等。矿化库记录场所碎屑和营养物参数，大多数不会随场所而改变。较之过去的 Release 1、Release 2、Release 2.1 和 Release 2.2 版本，AQUATOX 3.1 和 AQUATOX 3.1 PLUS 更加完善。2012 年，AQUATOX 3.1 升级了毒理回归数据，增加了沉积物稳定状态诊断模型，修正了反硝化代码，提高了敏感性和不确定性分析，采用效果图可以显示一个参数的改变对整个模拟的影响，增加了总初级生产力和群落呼吸速率等输出结果。AQUATOX 3.1 PLUS 可以自动计算最大呼吸速率，输出浮游、底栖无脊椎动物生物量、鱼类生物量等指标。AQUATOX 3.1 PLUS 不仅可以模拟藻类、大型植物、无脊椎动物及鱼类生物量等结构性指标，还可以模拟水生态系统生产力等功能性指标。该模型不仅可以模拟实验围格、溪流、池塘、湖泊、水库等系统，而且还可以应用在河口海岸。因此，基于食物网概念，AQUATOX 3.1 PLUS 能较全面完整地反映水量、水质对水生态系统的综合影响。

与其他风险评价模型相比，AQUATOX 模型（Park et al., 2008）是目前应用最为综合的水生态系统模型（表 1-1）。AQUATOX 模型多用来模拟过去、现在和未来的各种因素对水生态系统的影响或进行生态风险评估。Rashleigh（2009）以美国南卡罗莱纳州一湖泊为例，用 AQUATOX 模型研究了多氯联苯（PCBs）在食物链中生物富集情况。Morkoc（2009）研究污染物负荷对湖泊水质的影响，并用 AQUATOX 模型模拟 3 种不同的情景，研究不同情景下营养物质及植物的变化情况。Bilaletdin（2011）采用 AQUATOX 模型对湖泊的动力学进行模拟，并分析了湖泊的污染状况和富营养化问题。Taner（2011）将 HSPF 与 AQUATOX 模型耦合，建立了气候变化对湖泊潜在影响的大体框架。Scholz-Starke（2013）应用 AQUATOX 模型研究了有机污染物在三峡水库食物网中生物放大效应。陈无歧（2012）用 AQUAOX 模型构建了洱海水生态模型，并对洱海富营养化投入响应关系开展模拟研究。食物网分析是生态风险评价的重要组成部分（Damian，2008）。Rashleigh（2003）基于 AQUATOX 模型对美国北卡罗来纳州溪流进行了生态风险评价。Zhang（2013；2014）采用 AQUATOX 模型对中国白洋淀湖泊 PCBs 生态风险进行评价。Andrea（2015）采用 AQUATOX 模型研究阴离子表面活性剂烷基苯磺酸盐和抗菌剂三氯生对河流生态系统的影响，并进行生态风险评价。

表 1-1　AQUATOX 模型与其他生态风险评价模型比较

状态变量	AQUATOX	CATS	CASM	QUAL2K	WASP7	EFDC-HEM3D	QEAFdChn	BASS	QSim
营养物	√		√	√	√	√			√
沉积物成岩作用	√			√	√	√			
碎屑	√	√	√	√	√				√
溶解氧	√		√	√	√	√			√

续表

状态变量	AQUATOX	CATS	CASM	QUAL2K	WASP7	EFDC-HEM3D	QEAFdChn	BASS	QSim
溶解氧对生物影响	√								√
pH	√			√					√
NH₄ 毒性	√								
砂/淤泥/黏土	√				√	√			
沉积物影响	√								
水力学						√			√
热量平衡				√	√	√			√
盐度	√				√	√			
浮游植物	√	√	√	√	√	√			√
底栖藻类	√	√	√	√	√				√
大型植物	√	√	√						√
浮游动物	√	√	√						√
底栖动物	√	√	√						√
鱼类	√	√	√					√	√
细菌			√						√
病原体				√		√			
有机毒物命运	√	√			√			√	
有机毒物									
沉积物	√	√			√	√			
沉积物分层	√				√	√			
浮游植物	√	√							
底栖藻类	√	√							
大型植物	√	√							
浮游动物	√	√					√		
底栖动物	√	√					√		
鱼类	√	√					√	√	
鸟类和其他动物	√	√							
生态毒理	√	√	√					√	
连接片段	√			√	√	√	√		√

　　湿地结构和功能受多种环境因素制约。例如，环境流量变化会改变水体的水质状况，影响水生生物资源的种类、数量，进而影响生态系统功能（Belmara,
2013）。水动力作用会改变水体浑浊度，限制水下光合速率，进而影响系统初级生产力（Tang et al., 2015）。营养盐、有机污染物的输入会对生态系统功能产生一定影响（Dunalska et al., 2014; Alonso-Pérez et al., 2015）。此外，消费者摄食作用会抑制水生植物生物量，进而影响水生态系统初级生产力（Duffy, 2003; Lovvorn et al., 2015）。生态系统结构和功能反映的是各种环境因子综合作用的结果。这些环境因子相互作用，对水生态系统产生复合效应，很难将某一环境因子单独分离开来。基于食物网、水质、水量构建的 AQUATOX 模型，进行湿地生态单元的研究，能够反映多种环境因素的综合作用。

参考文献

[1] Meyer M D, Davis C A, Dvorett D. Response of Wetland Invertebrate Communities to Local and Landscape Factors in North Central Oklahoma[J]. Wetlands, 2015, 35(3): 533-546.

[2] 李春晖，崔鬼，庞爱萍，等. 流域生态健康评价理论与方法研究进展[J]. 地理科学进展，2008, 27(1): 9-17.

[3] Arhonditsis G B, Adams-Vanharn B A, Nielsen L, et al. Evaluation of current state of mechanistic aquatic biogeochemical modeling: Citation analysis and future perspectives[J]. Environmental Science and Technology, 2006, 40(20): 6547-6554.

[4] Chapra S C. Engineering water quality models and TMDLs[J]. Journal of Water Resources Planning and Management, 2003, 129(4): 247-256.

[5] Volk M, Liersch S, Schmidt G. Towards the implementation of the European Water Framework Directive Lessons learned from water quality simulations in an agricultural watershed[J]. Land Use Policy, 2009, 26(3): 580-588.

[6] 赖锡军. 流域水环境过程综合模拟研究进展[J]. 地理科学进展，2019, 38(8): 1123-1135.

[7] Anagnostou E, Gianni A, Zacharias I. Ecological modeling and eutrophication: a review[J]. Natural Resource Modeling, 2017, 30(3): e12130.

[8] Polovina J J. Model of a coral reef ecosystems I-The Ecopath model and its application to French Frigate Shoals[J]. Coral Reefs, 1984, 3(1): 1-11.

[9] Ulanowicz R E. Growth and development: ecosystem phenomenology[M]. New York: Springer Science & Business Media, 2012.

[10] Christensen V, Pauly D. ECOPATH II-a software for balancing steady-state model and calculating network characteristics[J]. Ecological Modelling, 1992, 61(3-4): 169-185.

[11] Christensen V, Pauly D. A guide to the ECOPATH II program (version 2.1)[Z]. ICLARM Software, 1992, 6:1-72.

[12] Christensen V, Walters C J, Pauly D. Ecopath with Ecosim version 6 user guide[Z]. Vancouver: Fisheries Centre, University of British Columbia, 2008.

[13] Bradford-Grieve J M. Pilot trophic model for subantarctic water over the Southern Plateau, New Zealand: a low biomass, high transfer efficiency system[J]. Journal of Experimental Marine Biology and Ecology, 2003, 289(2): 223-262.

[14] 马孟磊. 基于 Ecopath 模型的典型半封闭海湾生态系统结构和功能研究[D]. 上海：上海海洋大学，2018.

[15] Bruce L C, Hamilton D, Imberger J G, et al. A numerical simulation of the role of zooplankton in C, N and P cycling in Lake Kinneret, Israel[J]. Ecological Modelling, 2006, 193(3-4): 412-436.

[16] Gal G, Hipsey M, Parparov A, et al. Implementation of ecological modeling as an effective management and investigation tool: Lake Kinneret as a case study[J]. Ecological Modelling, 2009, 220(13-14):1697-1718.

[17] Jones HFE, Özkundakci D, Mcbride C G, et al. Modelling interactive effects of multiple disturbances on a coastal lake ecosystem: Implications for management[J]. Journal of environmental management, 2018, 207:444-455.

[18] Luo L C, Hamilton D, Jia L, et al. Autocalibration of a one-dimensional hydrodynamic-ecological model (DYRESM 4.0-CAEDYM 3.1) using a

Monte Carlo approach: simulations of hypoxic events in a polymictic lake[J]. Geoscientific Model Development, 2018, 11(3): 903-913.

[19] Leon L F, Smith R E, Hipsey M R, et al. Application of a 3D hydrodynamic-biological model for seasonal and spatial dynamics of water quality and phytoplankton in Lake Erie[J]. Journal of Great Lakes Research, 2011, 37(1): 41-53.

[20] 叶瑞. 太湖蓝藻水华季节性营养盐限制及其短期预警决策支持系统[D]. 南京：南京大学，2015.

[21] 胡文，王济，李春华，等. 浅水湖泊模型 PCLake 及其应用进展[J]. 生态与农村环境学报，2019, 35(6): 681-688.

[22] Terry J A, Sadeghian A, Baulch H M, et al. Challenges of modelling water quality in a shallow prairie lake with seasonal ice cover[J]. Ecological Modelling, 2018, 384:43-52.

[23] Park R A, Clough J S, Wellman M C. AQUATOX: Modeling environmental fate and ecological effects in aquatic ecosystems[J]. Ecological Modelling, 2008, 213(1):1-15.

[24] Rashleigh B, Barber M C, Walters D M. Foodweb modeling for polychlorinated biphenyls (PCBs)in the Twelvemile Creek Arm of Lake Hartwell, South Carolina, USA[J]. Ecological Modelling, 2009, 220(2): 254-264.

[25] Morkoc E, Tüfekci V, Tüfekci H, et al. Effects of landbased sources on water quality in the Omerli reservoir (Istanbul, Turkey)[J]. Environmental Geology, 2009, 57(5): 1035-1045.

[26] Bilaletdin T, Frisk T, Podsechin V, et al. A general water protection plan of Lake Onega in Russia[J]. Water Resources Management, 2011. 25(12): 2919-2930.

[27] Taner M, Carleton J N, Wellman M. Integrated model projections of climate change impacts on a North American lake[J]. Ecological Modelling, 2011, 222(18): 3380-3393.

[28] Scholz-Starke B, Ottermanns R, Rings U, et al. An integrated approach to

model the biomagnification of organic pollutants in aquatic food webs of the YangtzeThree Gorges Reservoir ecosystem using adaptedpollution scenarios[J]. Environmental Science and Pollution Research, 2013, 20(10): 7009-7026.

[29] 陈无歧. 基于 AQUATOX 模型的洱海富营养化控制应用研究[D]. 华东师范大学硕士学位论文，2012.

[30] Damian V P, Robert A P. Ecological food web analysis for chemical risk assessment[J]. Science of the Total Environment, 2008, 406(3): 491-502.

[31] Rashleigh B. Application of AQUATOX, a process-based model for ecological assessment, to Contentnea Creek in North Carolina[J]. Journal of Freshwater Ecology, 2003.18(4):515-522.

[32] Zhang L L, Liu J L, Li Y, Zhao Y W. Applying AQUATOX in determining the ecological risk assessment of polychlorinated biphenyl contamination in Baiyangdian Lake, North China[J]. Ecological modelling, 2013, 265: 239-249.

[33] Zhang L L, Liu J L. AQUATOX coupled foodweb model for ecosystem risk assessment of Polybrominated diphenyl ethers (PBDEs) in lake ecosystems[J]. Environmental Pollution, 2014, 191:80-92.

[34] Andrea L, Antonio F, Alberto P, et al. Food web modeling of a river ecosystem for risk assessment of down-the-drain chemicals: A case study with AQUATOX[J]. Science of the Total Environment, 2015, 508:214-227.

[35] Belmar O, Brunoa D, Martínez-Capelb F, et al. Effects of flow regime alteration on fluvial habitats and riparian quality in a semiarid Mediterranean basin[J]. Ecological Indicators, 2013, 30:52-64.

[36] Tang S, Sun T, Shen X M, et al. Modeling Net Ecosystem Metabolism Influenced by Artificial Hydrological Regulation: An Application to the Yellow River Estuary, China[J]. Ecological Engineering, 2015, 76:84-94.

[37] Dunalska J A, Staehr P A, Jaworska B, et al. Ecosystem metabolism in a lake restored by hypolimnetic withdrawal[J]. Ecological Engineering, 2014, 73:616-623.

[38] Alonso-Pérez F, Zúñiga D, Arbones B, et al. Benthic fluxes, net ecosystem metabolism and seafood harvest: Completing the organic carbon balance in the Ría de Vigo (NW Spain)[J]. Estuarine, Coastal and Shelf Science, 2015, 163:54-63.

[39] Duffy J E. Biodiversity loss, trophic skew and ecosystem functioning[J]. Ecology letters, 2003, 6(8): 680-687.

[40] LOVVORN J R, Jacob U, North C A, et al. Modeling spatial patterns of limits to production of deposit-feeders and ectothermic predators in the northern Bering Sea[J]. Estuarine, Coastal and Shelf Science, 2015, 154:19-29.

第二章　AQUATOX 模型理论基础

　　水生态系统是一个具有物质循环能量流动的复杂系统。它首先通过绿色植物的光合作用，在酶的作用下，吸收太阳能和营养元素建造自己的有机体，形成水体初级生产力。初级生产的一部分物质和能量，由本身的呼吸作用所消耗；一部分输出，通过动物的牧食作用，形成次级生产力；剩余的部分则被微生物利用，形成有机碎屑进入水生态系统。在微生物作用下，有机碎屑被分解，重新释放到水生态系统中，被生物利用，形成新的原生质。AQUATOX 模型基于食物网概念模型，通过生物群落间相互作用，模拟多个环境因素（包括物理、化学、生物）以及它们对某个群落甚至整个生态系统的影响。

第一节　水生态系统食物网特征

　　水生态系统中，食物网与生物地球化学循环的动力特性及有机质的代谢过程紧密相关（De Angelis，1992）。食物网是水生态系统中多种生物及其营养关系的网络，是生态系统的重要功能，是物质循环和能量流动的表现形式。人类活动的干扰，水质水量等环境因素的变化会导致水生态系统中食物网和种间关系的相应改变，从而影响水生态系统功能（刘学勤，2006）。食物网包含了水生态系统中生产者、消费者和分解者；相对单一物种，其能较为全面地反映水生态系统面临环境压力的改变。海河流域湿地中，不同的生态单元（如河流、湖泊、河口等），其食物网构成也不同。

一、生产者群落

　　浅水湿地初级生产者主要由浮游植物、附着藻类和水生维管束植物构成，是湿地生态系统食物网的结构与功能的基础环节。浮游植物主要指浮游藻类，有蓝藻、绿藻、硅藻、裸藻、金藻、黄藻、甲藻和隐藻，其中蓝藻、绿藻、硅藻是常见的优势种群。北运河、白洋淀和海河河口浮游藻类组成百分比见表 2-1（高彩凤等，2012；方慷，2014；张萍，2015）。附着藻类优势种群主要为蓝藻、绿藻、硅藻，北运河、白洋淀和海河河口附着藻类组成百分比见表 2-2（方慷，2014）。

表 2-1　海河流域不同生态单元浮游藻类组成百分比　　　　单位：%

	绿藻	硅藻	蓝藻	裸藻	金藻	黄藻	甲藻	隐藻
北运河	33.30	16.70	33.30	11.90	—	—	2.40	2.40
白洋淀	52.00	21.10	14.10	6.70	2.10	0.00	0.00	4.00
海河河口	47.50	12.50	22.50	9.16	2.50	1.670	1.670	2.50

表 2-2　海河流域不同生态单元附着藻类组成百分比　　　　单位：%

	绿藻	硅藻	蓝藻	裸藻	金藻	黄藻	甲藻	隐藻
北运河	45.50	12.70	41.80	—	—	—	—	—
白洋淀	21.00	55.70	13.60	2.10	1.30	1.60	4.30	0.40
海河河口	41.80	21.50	31.20	0.20	1.10	0.90	3.30	—

　　水生维管束植物在降低氮磷负荷、提高水体透明度及抑制藻类繁殖等方面发挥重要作用。同时，水生维管束植物对水环境的适应又有一定的局限性，它们的生态分布受一定的生长条件制约。北运河湿地常见水生植物 22 科、29 属、42 种。其中挺水植物 13 种、浮叶植物 12 种、沉水植物 17 种。其中芦苇（Phragmites Australis）、香蒲（Typha Angustifolia）、黑藻（Hydrilla Verticillata）、狐尾藻（Myriophyllum Spicatum）、金鱼藻（Ceratophyllum Demersum）、菹草（Potamogeton Crispus），以及浮萍（Lemna Minor）是常见物种（陈燕，2008）。白洋淀属于平原浅水湖泊，常年水深 1～3m，分布着很多大型水生维管束植物。白洋淀采集到水生植物 39 种，隶属于 21 科 32 属，其中，挺水植物 16 种，占总数的 41.03%；沉水植物共 14 种，占 35.90%；浮叶根生植物共 6 种，占 15.38%；漂浮植物 3 种，占 7.69%。该区的优势种群主要包括芦苇、篦齿眼子菜（Potamogeton Pectinatus）和金鱼藻等（李峰，2008）。海河河口水生维管束植物数量较少，共发现 12 种，分别隶属于 7 科 11 属，菹草（P. Crispus）为主要种类，其次为金鱼藻（C. Denersum）、马来眼子菜（Potamogeton Molaiamus）、黑藻（Hydril La Vertcillata）及浮萍（秦保平，1998）。

二、消费者群落

　　水生态系统消费者主要由浮游动物、底栖动物和鱼类构成，是水生食物网中的重要一环，在水生态系统结构与功能、能量传递和物质转换方面具有重要意义。浮游动物既能以浮游植物、细菌和碎屑为食，又是鱼类和其他水生动物的食物，主要包括原生动物（Protozoan）、轮虫（Rotifera）、枝角类（Cladocera）和桡足类（Copepoda）。北运河、白洋淀、海河河口浮游动物组成百分比见表 2-3（高彩凤等，2012；邢晓光，2007；张萍，2011）。

表 2-3　海河流域不同生态单元浮游动物组成百分比　　　　单位：%

	原生动物	轮虫	枝角类	桡足类
北运河	15.19	41.54	29.61	13.66
白洋淀	19.80	44.90	21.20	14.10
海河河口	9.37	37.50	28.13	25.00

底栖动物接受、暂时贮存、转移和埋藏从水层沉降而来的物质。它们是水生态系统的活跃组分，在生态系统的能流和物流中也发挥着重要作用。北运河底栖动物种类较少，共检出 17 种，其中寡毛类 7 种，软体动物 7 种，均占 41.18%，水生昆虫 3 种，占 17.64%（高彩凤，2012）。白洋淀软体动物、环节动物和底栖昆虫种类较多，具体见表 2-4。中华圆田螺和摇蚊幼虫为白洋淀主要优势种群，占总数量的 78%（张璐璐，2013）。海河河口共采集到底栖动物 49 种，其中软体动物 16 种（占 32.65%），节肢动物 14 种（占 28.57%），环节动物 17 种（占 34.69%），腕足动物 1 种（占 2.04%），其他类群 1 种（占 2.04%），蛤蜊和蟹为主要优势种群（张文亮，2009）。

表 2-4　白洋淀底栖动物种类的季节变化

种群数	春季	夏季	秋季	冬季
软体动物	2	1	2	4
环节动物	6	9	11	3
底栖昆虫	5	7	10	4
合计	13	17	23	11

三、分解者群落

水生态系统中微生物主要包括细菌、真菌和病毒，是水生态系统中的重要组成部分。作为分解者，微生物能影响溶解有机物的形成和消耗、颗粒有机物的溶解与沉降、无机营养盐的形成等生态过程（Sobczak et al., 2005），在水生态系统营养盐和物质循环中发挥着无可替代的作用（Azam，2007）。北运河上游已经受到了一定程度的微生物污染，微生物浓度（以粪大肠菌群为例）波动较大（$5.01×10^2 \sim 5.37×10^6$ 个/L）；受清河、坝河等排水河道的影响，微生物污染普遍严重（均值在 $6.3×10^6$ 个/L 以上），与地表水 V 类水质标准（GB 3838－2002《地表水环境质量标准》）相比，其粪大肠菌群浓度平均超出两个数量级。统计分析显示，北运河微生物污染受季节的影响并不显著（$p > 0.05$）（杨勇等，2012）。白洋淀最优势细菌为芽孢杆菌，其余优势菌为 C 变形菌、A 变形菌、疣微菌和鞘脂杆菌；真菌主要有壶菌纲（Chytridiomycetes），占比 16.2%、黑粉菌纲（Ustilaginomycetes），占比 5.4%、接合菌纲（Zygomycetes），占比 2.7%、绣菌纲（Urediniomycetes），占比 21.6%（张利兰，2011）。海河河口冬季总菌数明显高于海河河口的其他季节总菌数，海河河口水体总菌数和典型细菌菌群数的季节变化见表 2-5（乔旭东，2005）。

表 2-5　海河河口水体总菌数和典型细菌群数的季节变化

	春季	夏季	秋季	冬季
总菌数/（10^8cells/m³）	7.60	2.96	NA	179.50
异养细菌数/（10^6cfu/dm³）	0.69	NA	NA	48.80
致病弧菌/（cfu/ml）	33.50	—	—	11.65
大肠菌群数/（个/L）	1200	—	—	>11000

注　—为没有采样，NA 为未检出。

四、海河流域湿地食物网

由上面论述可知，海河流域河流、湖泊和河口主要初级生产者为浮游植物、底栖藻类和大型水生植物；主要消费者为浮游动物、底栖动物和鱼类；有机碎屑指各种有机体，包括细菌。结合 Zhang（2013）的研究，海河流域湿地食物网构成如图 2-1 所示。

五、食物网概念模型

食物网是生态系统中多种生物及其营养关系的网络，描述了系统中的摄食关系，反映了群落的种间关系。它可以让我们深入理解生态系统中物质循环和能量流动的格局，了解系统的功能。有机碎屑是水生态系统食物网中的重要组成部分

（直接或间接地来自生物有机体）。Odum（1971）提出有机碎屑是指死亡的生物在分解过程中所形成的所有有机物，包括微生物。在 AQUATOX 模型中，有机碎屑包括内源有机碳、外源有机碳和细菌。其中内源有机碳指由任何营养级通过食物链以外的途径而释放到生态系统里去的有机碳（包括排粪、排泄和分泌物中的有机碳），外源有机碳指从外界进入生态系统并在系统中循环的有机碳（Wetzel，2000）。因此，食物网概念模型主要由三部分组成：生产者、消费者和有机碎屑，如图 2-2 所示。通过食物网概念模型，我们可以了解食物网中种群通过摄食作用对生态系统的影响，以及水质水量变化对水生态系统的影响。

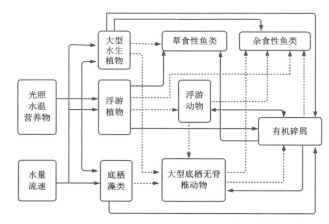

图 2-1　海河流域湿地食物网构成

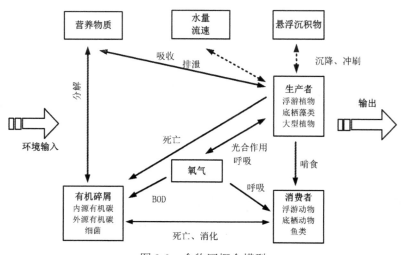

图 2-2　食物网概念模型

第二节　水生态系统功能特征

虽然水生态系统结构指标相对容易量化和标准化，但在较大尺度，如流域尺度，生物群落分布的空间差异会一定程度限制它的使用；而功能指标（如初级生产力、呼吸速率）具有较低的空间差异，同时具有更高敏感性，可以将各种生物的差异整合为较少的几个属性指标，便于在较大尺度进行比较（Pratt et al., 1996）。生态系统净生产力（Net Ecosystem Productivity，NEP），为总初级生产力（Gross Primary Production，GPP）与生态系统呼吸（Ecosystem Respiration，ER）之差，通过指示生态系统的营养及平衡状况成为表征生态系统整体状态的重要功能性指标（Young et al., 2009; Feio et al., 2010）。NEP 不仅直接反映湿地植被群落在自然环境条件下的生产能力以及湿地质量状况，也是判定湿地碳源/汇的重要因子（Son et al., 2014）。环境变化和人类活动所导致的水量减少、水生境质量退化与水生动植物群落变化等，均对湿地净生产力造成显著影响（Aerts, 1997; Zaiha et al., 2015; Ge et al., 2017）。作为生态系统可持续性及生态系统功能的重要表征，NEP 成为分析外界环境条件变化对湿地功能影响的重要指标（Sarma et al., 2009; 孙涛等，2011）。如何有效量化辨识环境变化所导致的水量减少、水生境质量退化等引起的湿地净生产力的变化，是当前水生态系统对环境变化响应研究的热点和难点。

一、水生态系统初级生产力

初级生产力是指初级生产者通过光合作用或化学合成的方法来制造有机物的速率。初级生产过程十分复杂，受水质、水量等多种环境因子的制约。调控水文条件可以改变水生植物群落，并且抑制某些物种的大量生长，从而影响水生态系统初级生产力（Shen et al., 2015; 刘佩佩，2013）。在高营养水体中，较高的浮游植物生产力能阻止阳光射入水体，从而降低底栖植物的初级生产力。最初，浮游植物与附着藻类生产力呈现正相关，但随着水体富营养化进行，附着藻类初级生产力逐渐降低，如图 2-3 所示（Vadeboncoeur et al., 2001）。此外，大型水生植物能够固定沉积物，降低沉积物再悬浮，提高水体的透明度，并且能保护浮游动物较好地躲避鱼类的捕食，从而控制浮游植物的生长，进而控制浮游植物初级生产力（刘佩佩，2013）。大型水生植物还可以分泌化学物质，抑制藻类的生长，更多地获取水中的营养物质，提高自身的生产力。

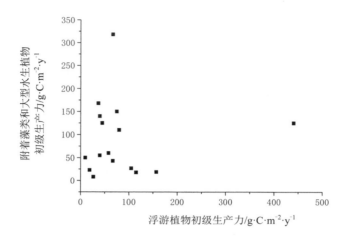

图 2-3　附着藻类、大型水生植物及浮游植物初级生产力

　　不同的水生态系统，其初级生产力构成不同。通过对 29 个湖泊浮游植物、沉水植物和附着藻类初级生产力的研究，Vadeboncoeur（2001）发现，沉水植物和底栖藻类的平均初级生产力为 58 $g \cdot C \cdot m^{-2} \cdot y^{-1}$，浮游植物的平均初级生产力为 69 $g \cdot C \cdot m^{-2} \cdot y^{-1}$，底栖植物和浮游植物初级生产力比较接近。然而在一些浅水湖泊，在枯水季节，附着藻类是整个系统的绝对统治者，如武汉市沙湖中无隔藻为冬、春季节的绝对优势群落，对生态系统初级生产力起着非常重要的作用（裴国凤，2010）。在河口水域，由于受到淡水冲刷及陆源输入的同时作用，其初级生产特征与其他水体相比有着较大的差别（宋星宇等，2004）。在内河口，由于受到河水径流的影响，水体浑浊度高，浮游植物的光合作用能力较低，而细菌等异养微生物生物量较高，异养活动活跃，使该水域的净初级生产力达到低值（<60 $mg \cdot C \cdot m^{-2} \cdot d^{-1}$）（Goosen et al., 1999）。在 Monterey 湾，浮游植物生物量与初级生产力有很好的线性相关，而大型浮游植物的贡献在高生物量及高生产力时最明显（宋星宇等，2004）。有些近岸浅水区，大型水生植物如海草，初级生产旺盛，其初级生产力甚至超过了同水柱水体浮游植物的初级生产力（Plus et al., 2015）。如果忽略了此类水域海草的固碳作用，将会造成对研究水域初级生产力的严重低估。因此，基于水质、水量对研究水域浮游藻类、附着藻类和大型水生植物初级生产力进行综合研究，是全面、准确确定水生态系统初级生产力的重要保障。

二、水生态系统呼吸速率

水生植物的初级生产直接为初级消费者提供营养来源，并沿食物链向更高能级传递。较大个体的浮游动物，尤其是桡足类，被认为是最主要的初级消费者。但近期的研究表明，细菌和原生动物（如鞭毛虫、纤毛虫和异养腰鞭毛虫）可能是初级生产力的主要消耗者。水生生物群体通过呼吸作用消耗有机碳获得能量。

水生态系统呼吸速率是指水体中的有机碳氧化成 CO_2 释放到环境中的速率，消耗氧气主要包括 3 个生物学过程：生产者（水生植物）呼吸、消费者（水生动物）呼吸及有机碎屑（微生物）异养呼吸。水生态系统呼吸是初级生产的逆过程，是水生态系统物质循环和能量流动的重要环节。

钱奎梅和陈宇炜（2012）对湖泊呼吸速率研究后发现，不同营养状态水生生物呼吸速率不同。污染严重区域，浮游植物生长迅速，浮游动物和大型水生植物占总呼吸速率的一半。污染较轻区域，浮游细菌呼吸速率达到 77%，见图 2-4（a）、（b）。此外，改变水文条件对水生态系统呼吸速率存在正向或负向影响（Elosegi，2013；马安娜等，2011）。河口是陆海相互作用剧烈的区域，在交汇水域容易出现水体分层，但 Caffrey（2003）对美国多个河口研究后发现，水体表层和底层总初级生产力和呼吸速率并没有明显不同。

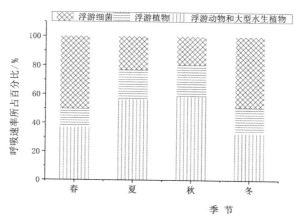

（a）污染严重区域

图 2-4　不同季节总呼吸速率构成

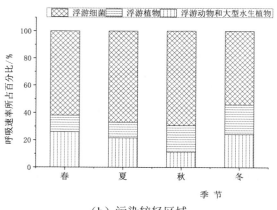

（b）污染较轻区域

图 2-4　不同季节总呼吸速率构成（续图）

三、AQUATOX 概念模型

水生态系统净生产力（用 P_n 表示）是总初级生产力（P_g 表示）与生态系统呼吸（用 R_e 表示）的差值，即：

$$P_n = P_g - R_e$$

其中，生态系统呼吸为自养呼吸（Autotrophic Respiration）与异养呼吸（Heterotrophic Respiration）之和，自养呼吸用 R_a 表示，异养呼吸用 R_h 表示，即：

$$R_e = R_a + R_h$$

净初级生产力（Net Primary Production，NPP）为总初级生产力与自养呼吸之差值，即：

$$NPP = P_g - R_a$$

水生态系统净生产力还可以用碳输入及碳输出进行计算，即

$$P_n = \Delta C_{storage} + C_{export} - C_{import}$$

式中，$\Delta C_{storage}$ 指贮存在生物量和沉积物中的有机碳；C_{export} 指外来输入的有机碳；C_{import} 指输出的有机碳。

水生态系统中，食物网各组分（生产者、消费者和有机碎屑）与初级生产力、群落呼吸速率关系如图 2-5 所示，这即为 AQUATOX 模型建立的水生态系统概念模型。在该概念模型中，海河流域湿地初级生产者主要指浮游植物、底栖藻类和大型水生植物；消费者主要指浮游动物、底栖动物和鱼类；有机碎屑指内源有机

碳、外源有机碳和细菌。该模型详细描述了水生态系统内部各组分与初级生产力、群落呼吸速率相互作用关系，以及水生态系统净生产力与外界物质输入、输出的相互作用关系。水生态系统净生产力是影响水气（氧气和二氧化碳）交换和碳输出的重要影响因子（Duarte et al., 2004, 2013）。如果 $P_n>0$，即总初级生产力大于生态系统呼吸（$P_g > R_e$），则水生态系统呈现自养状态，成为二氧化碳的汇和氧气的源。相反，如果 $P_n<0$，则水生态系统呈现异养状态，成为二氧化碳的源和氧气的汇，外源有机碳的输入对于维持水生态系统极其重要。自养生态系统是一种健康的生态系统，该系统中群落的呼吸不需要外来有机物输入的维持。异养水生态系统被认为是一种机能失调的生态系统，较高的外来有机物质的输入才能维持异养生物的代谢活动。基于概念模型，我们能全面、系统地了解生态系统内部作用（如生产者竞争、消费者牧食作用等）、外界有机物质的输入和人为干扰（如水量的增减、水质的变化等）对生态系统结构和功能的影响，进而能较好地模拟预测水生态系统的特征。

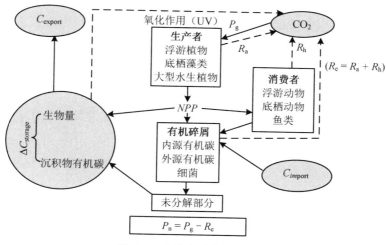

图 2-5 水生态系统概念模型

参考文献

[1] De Angelis D L. Dynamics of nutrient cycling and food webs[M]. New York: Springer Science & Business Media, 2012.

[2]   刘学勤. 湖泊底栖动物食物组成与食物网研究[D]. 中国科学院水生生物研究所博士毕业论文，2006.

[3]   高彩凤. 北运河水系水生态调查及水质评价[D]. 河南师范大学硕士学位论文，2012.

[4]   方慷. 白洋淀三大典型水体附着藻类群落结构研究[D]. 河北大学硕士学位论文，2014.

[5]   张萍，李宝华，刘宪斌，等. 海河干流浮游植物群落及其与环境因子的典范对应分析[J]. 水产科学，2015, 34(6): 344-350.

[6]   陈燕. 北京市湿地水生植物多样性研究[D]. 北京林业大学硕士学位论文，2008.

[7]   李峰，谢永宏，杨刚，等. 白洋淀水生植被初步调查[J]. 应用生态学报，2008, 19(7): 1597-1603.

[8]   秦保平，翟德华，袁倩，等. 海河水生生态系统的研究[J]. 城市环境与城市生态，1998, 11(1): 48-51.

[9]   邢晓光. 白洋淀轮虫、枝角类、桡足类的群落生态学研究[D]. 河北大学硕士学位论文，2007.

[10] 张萍，白明，王娟娟，等. 海河干流浮游动物群落结构的初步研究[J]. 渔业现代化，2011, 38(4):12-16.

[11] 张璐璐. 基于底栖-浮游耦合食物网的湖泊生态模型研究[D]. 北京师范大学博士毕业论文，2013.

[12] 张文亮. 天津高沙岭潮间带大型底栖动物群落特征[D]. 天津科技大学硕士学位论文，2009.

[13] Sobczak W V, Cloern J E, Jassby A D, et al. Detritus Fuels Ecosystem Metabolism but not Metazoan Food Webs in San Francisco Estuary's Freshwater Delta[J]. Estuaries, 2005, 28(1): 124-137.

[14] Azam R, Malfatti F. Microbial structuring of marine ecosystems[J]. Nature, 2007, 5(10):782-791.

[15] 杨勇，魏源送，郑祥，等. 北京温榆河流域微生物污染调查研究[J]. 环境科学学报，2012, 32(1): 9-18.

[16] 张利兰. 自然湿地水体中微生物多样性的研究[D]. 河南师范大学硕士学

位论文，2012.

[17] 乔旭东. 渤海湾天津海域的细菌学研究[D]. 中国海洋大学硕士学位论文，
2005.

[18] Zhang L L, Liu J L, Li Y, Zhao Y W. Applying AQUATOX in determining
the ecological risk assessment of polychlorinated biphenyl contamination in
Baiyangdian Lake, North China[J]. Ecological modelling, 2013, 265:
239-249.

[19] Odum E P. Halophytes, Energetics and Ecosystems[J]. Ecology of
Halophytes, 1971: 599-602.

[20] Wetzel R.G, Likens, G E. Limnological Analysis[M]. New York: Springer
Science & Business Media, 2013.

[21] Pratt J R, Cairns J. Ecotoxicology and the redundancy problem: under
standing effects on community structure and function[J]. Ecotoxicology: a
hierarchical treatment, 1996: 397-370.

[22] Young R G, Collier K J. Contrasting responses to catchment modification
among a range of functional and structural indicators of river ecosystem
health[J]. Freshwater Biology, 2009, 54 (10) :2155-2170.

[23] Feio M, Alves T, Boavida M, et al. Functional indicators of stream health: a
river-basin approach[J]. Freshwater Biology, 2010, 55(5): 1050-1065.

[24] Son S H, Wang M h, Harding L W. Satellite-measured net primary
production in the Chesapeake Bay[J]. Remote Sensing of Environment, 2014,
14:109-119.

[25] Aerts R, Ludwig F. Water-table changes and nutritional status affect trace gas
emissions from laboratory columns of peatland soils[J]. Soil Biology and
Biochemistry, 1997, 29(11-12): 1691-1698.

[26] Ge J W, Wu S Y, Touré D, et al. Analysis on biomass and productivity of
epilithic algae and their relations to environmental factors in the Gufu River
basin, Three Gorges Reservoir area, China[J]. Environmental Science and
Pollution Research, 2017, 24(35):26881-26892.

[27] Zaiha A N Mohd, Ismid, M S Salmiati, et al. Effects of logging activities on

ecological water quality indicators in the Berasau River, Johor, Malaysia[J]. Environmental monitoring and assessment, 2015, 187(8):493-502.

[28] Sarma V V, Gupta S N M, Babu P V R, et al. Influence of river discharge on plankton metabolic rates in the tropical monsoon driven Godavari estuary, India[J]. Estuarine, Coastal and Shelf Science, 2009, 85(4): 515-524.

[29] 孙涛，沈小梅，刘方方，等. 黄河口径流变化对生态系统净生产力的影响研究[J]. 环境科学学报，2011, 31(6): 1311-1319.

[30] Shen X M, Sun T, Liu F F, et al. Aquatic metabolism response to the hydrologic alteration in the Yellow River estuary, China[J]. Journal of Hydrology, 2015, 525:42-54.

[31] 刘佩佩，白军红，赵庆庆，等. 湖泊沼泽化与水生植物初级生产力研究进展[J]. 湿地科学，2013, 11(3): 392-397.

[32] Vadeboncoeur Y, Lodge D M, Carpenter S R. Whole-lake fertilization effects on distribution of primary production between benthic and pelagic habitats[J]. Ecology, 2001, 82(4): 1065-1077.

[33] 裴国凤，洪晓星. 东湖底栖藻类群落的初级生产力[J]. 中南民族大学学报（自然科学版），2010, 29(4): 27-31.

[34] 宋星宇，黄良民，石彦荣. 河口、海湾生态系统初级生产力研究进展[J]. 生态科学，2004, 23(3): 265-269.

[35] Goosen N K, Kromkamp J, Peene J, et al. Bacterial and phytoplankton production in the maximum turbidity zone of three European estuaries: the Elbe, Westerschelde and Gironde[J]. Journal of Marine Systems, 1999, 22(2-3): 151-171.

[36] Plus M, Auby I, Maurer D, et al. Phytoplankton versus macrophyte contribution to primary production and biogeochemical cycles of a coastal mesotidal system. A modelling approach[J]. Estuarine, Coastal and Shelf Science, 2015, 165(5): 52-60.

[37] 钱奎梅，陈宇炜. 太湖浮游生物群体分尺度呼吸率初步研究[J]. 湖泊科学，2012, 24(2): 294-298.

[38] Elosegi A, Sabater S. Effects of hydromorphological impacts on river

ecosystem functioning: a review and suggestions for assessing ecological impacts[J]. Hydrobiologia, 2013, 712:129-143.

[39] 马安娜，陆健健. 长江口崇西湿地生态系统的二氧化碳交换及潮汐影响 [J]. 环境科学研究，2011, 24(7) : 716-721.

[40] Caffrey J M. Production, Respiration and Net Ecosystem Metabolism in U.S. Estuaries[J]. Environmental monitoring and assessment, 2003, 81(1): 207-219.

[41] Duarte C M, Agustì S, Vaquè D. Controls on planktonic metabolism in the Bay of Blanes, northwestern Mediterranean littoral[J]. Limnology and Oceanography, 2004, 49 (6): 2162-2170.

[42] Duarte C M, Kennedy H, Marbà N, et al. Assessing the capacity of seagrass meadows for carbon burial: Current limitations and future strategies[J]. Ocean & coastal management, 2013, 83:32-38.

第三章　AQUATOX 模型概述

通过辨识海河流域生产者、消费者和分解者群落，构建海河流域湿地食物网。基于 AQUATOX 模型，通过分析海河流域河流、湖泊、河口水动力特征，以及食物网中各生物群落与初级生产力、群落呼吸速率的关系，构建水质、水量及食物网综合作用下的海河流域湿地 AQUATOX 模型。

第一节　水动力模型

一、水量模型

（1）河流水动力模型。河流水动力模型如下：

$$ManningVol = Y \cdot CLength \cdot Width \tag{3-1}$$

式中，$ManningVol$ 为河流水体积，m^3；Y 为动力平均水深，m；$CLength$ 为河段长度，m；$Width$ 为河宽，m。

在河流中，水深和流速是计算沉积物输送、冲刷和沉积的关键变量。水深随流量的时间变化而变化，河道粗糙度、河岸坡度和河宽采用曼宁方程（Hoggan，1989），其式如下：

$$Y = \left(\frac{Q \cdot Manning}{\sqrt{Slope \cdot Width}} \right)^{\frac{3}{5}} \tag{3-2}$$

式中，Q 为河水流量，m^3/s；$Manning$ 为曼宁粗糙度系数，$s/m^{1/3}$（若为混凝土基质，取值为 0.02，若为已清淤或较为规则河道，取值为 0.03，若为自然河道，取值为 0.04）；$Slope$ 为河岸坡度。

（2）湖泊水动力模型。

1）湖泊水量。湖泊水量计算方法不同于河流，其计算方法为：

$$\frac{\mathrm{d}Volume}{\mathrm{d}t} = Inflow - Discharge - Evap \tag{3-3}$$

式中，d*Volume*/d*t* 为水量随时间的变化，m³/d；*Inflow* 为流入湖泊的水量，m³/d；*Discharge* 为流出湖泊的水量，m³/d；*Evap* 为平均每天挥发的水量，m³/d。*Evap* 可按以下公式计算：

$$Evap = \frac{MeanEvap}{365} \cdot 0.0254 \cdot Area \tag{3-4}$$

式中，*MeanEvap* 为平均每年挥发的水量，in/y；*Area* 为水体面积，m²。

2）湖泊分层与混合。AQUATOX 模型中，湖泊或水库垂直方向分为表水层和深水层两个区域。当平均水温超过 4℃，表水层和深水层温差超过 3℃，湖泊或水库水体就出现分层现象，湖水向下扩散混合。进入秋季，表层水温低于 3℃，湖水向上扩散混合。

混合深度采用以下公式计算：

$$\log(\max ZMix) = 0.336 \cdot \lg(Length) - 0.245 \tag{3-5}$$

max*ZMix* 为分层条件下最大混合深度，m；*Length* 为波设置最大有效长度，km。
混合扩散系数见式（3-6）和式（3-7）。

$$BulkMixCoeff = \frac{VertDispersion \cdot ThermoclArea}{Thick} \tag{3-6}$$

$$VertDispersion = Thick \cdot \left(\frac{HypVolume}{ThermoclArea \cdot Deltat} \cdot \frac{T_{hypo}^{t-1} - T_{hypo}^{t+1}}{T_{epi}^{t} - T_{hypo}^{t}} \right) \tag{3-7}$$

上两式中，*BulkMixCoeff* 为垂直扩散系数，m³/d；*ThermoclArea* 为温跃层面积，m²；*VertDispersion* 为垂直扩散系数，m²/d；*Thick* 为表水层至深水层垂直距离，m；*HypVolume* 为深水层水量，m³；m²；*Deltat* 为时间间隔，d；T_{hypo}^{t-1}、T_{hypo}^{t+1} 分别为某一时间段前及时间段后深水层水温，℃；T_{epi}^{t}、T_{hypo}^{t} 分别为此时表水层和深水层水温，℃。

当分层出现时，表水层和深水层中生物和其他物质扩散分别进行计算，即：

$$TurbDiff_{epi} = \frac{BulkMixCoeff}{Volume_{epi}} \cdot (Conc_{compartment,hypo} - Conc_{compartment,epi}) \tag{3-8}$$

$$TurbDiff_{hypo} = \frac{BulkMixCoeff}{Volume_{hypo}} \cdot (Conc_{compartment,epi} - Conc_{compartment,hypo}) \tag{3-9}$$

上两式中，*TurbDiff* 为设定区域的混合扩散浓度，g/(m³·d)；*Volume* 为设定区域的体积，m³；*Conc* 为设定区域的浓度，g/m³。下标 epi 为表水层，下标 hypo 为深水层。

（3）河口水动力模型。在河口水域，由于同时受到海水冲刷及陆源输入的作用，水体湍流运动剧烈，其水动力特征与其他水体相比有着较大的差别。河口子模型由两个混合层组成，盐度是分层的控制因素。两个混合层之间的水平衡通过盐平衡计算。河口水柱盐度影响动物死亡率、藻类光合作用、呼吸作用和沉降、河口复氧作用。因此，河口盐度的时间变化至关重要。

河口水动力模型需要输入潮汐模型参数，同时需要淡水入流水量。海河河口淡水入流水量主要受地理气候环境和上游河道来水控制，近几年流量的急剧减少，导致河口动力由原来的陆相变为现在的海相。

1）河口分层模拟。河口分层模拟由下式计算：

$$\begin{cases} FreshwaterHead = \dfrac{ResidFlow}{Area} \\ FracUpper = 1.5 \cdot \dfrac{FreshwaterHead}{TidalAmplitude + FreshwaterHead} \end{cases} \tag{3-10}$$

式中，$FreshwaterHead$ 为淡水入流高度，m/d；$ResidFlow$ 为减去挥发后淡水剩余流量，m^3/d；$Area$ 为河口面积，m^2；$FracUpper$ 为混合层上层平均深度所占比例；$TidalAmplitude$ 为潮汐振幅，m。

混合层每层厚度及体积，可通过以下公式计算：

$$\begin{cases} ThickUpper = FracUpper \cdot MeanDepth \\ Thicklower = MeanDepth - ThickUpper \\ VolumeUpper = FracUpper \cdot Area \\ VolumeLower = FracLower \cdot Area \end{cases} \tag{3-11}$$

式中，$ThickUpper$ 为混合层上层的高度，m；$Thicklower$ 为混合层下层的高度，m；$MeanDepth$ 为河口平均水深，m；$FracLower$ 为混合层下层深度占混合层比例；$VolumeUpper$ 为上层水体积，m^3；$VolumeLower$ 为下层水体积，m^3；$Area$ 为河口面积。

2）河口潮汐振幅。潮汐振幅总方程参照《Manual of Harmonic Analysis and Prediction of Tides》（U.S. Department of Commerce 1994）则有：

$$TidalAmplitude = \sum_{Con.} \begin{Bmatrix} Amp_{Con.} \cdot Nodefactor_{Con.,Year} \cos[(Speed_{Con.} \cdot Hours) \\ + Equil_{Con.,Year} - Epoch_{Con.}] \end{Bmatrix} \tag{3-12}$$

式中，$TidalAmplitude$ 为一个半分潮的范围，m；Con. 为八个组成部分的综合。

$Amp_{\text{Con.}}$ 为每一个分潮振幅, m; $Nodefactor_{\text{Con.,Year}}$ 为每年每一分潮节点因子, deg.; $Speed_{\text{Con.}}$ 为每一分潮速度, deg./h; $Hours$ 为每年起始时间, h; $Equil_{\text{Con.,Year}}$ 为以格林尼治子午线为准, 各个分潮汐的平衡参数, deg.; $Epoch_{\text{Con.}}$ 为每一分潮汐相位滞后程度, deg.。

3) 水平衡。水平衡计算参照盐平衡方程 (Ibáñez et al., 1999), 即:

$$\begin{cases} SaltwaterInflow = \dfrac{ResidFlow}{SalinityLower / SalinityUppper - 1} \\ Outflon = \dfrac{ResidFlow}{1 - SalinityUppper / SalinityLower} \end{cases} \quad (3\text{-}13)$$

式中, $SaltwaterInflow$ 为从河流尾闾进入河口水量, m³/d; $Outflow$ 为流出河口水量, m³/d; $ResidFlow$ 为淡水剩余流量, 减去挥发量后可能是负值。

4) 河口复氧作用。河口是陆海相互作用区域, 大气复氧作用强烈, 对水体溶解氧浓度存在显著影响。河口大气复氧方程采用 Thomann 等 (1982) 的复合方程, 即:

$$KReaer = 3.93\frac{\sqrt{Velocity}}{Thick^{3/2}} + \frac{0.728 \cdot \sqrt{Wind} + 0.317 \cdot Wind + 0.0372 \cdot Wind^2}{Thick} \quad (3\text{-}14)$$

其中每日潮汐平均流速可通过 (Thomann et al., 1987) 方程计算:

$$Velocity = \frac{\left| ResidFlowVel + TidalVel \cdot \left[1 + 0.5 \cdot \sin\left(\frac{2\pi Day}{12}\right) \right] \right|}{86400} \quad (3\text{-}15)$$

上两式中, $Velocity$ 为潮汐平均流速, m/s; $Wind$ 为风速, m/s; $ResidFlowVel$ 为淡水流速, m/d; $Outflow$ 为水流出量, m³/d; $TidalVel$ 为潮汐平均流速, m/d; Day 为每年天数, d。

二、流速模型

$$Velocity = \frac{AvgFlow}{XSecArea} \cdot \frac{1}{86400} \cdot 100 \quad (3\text{-}16)$$

式中, $Velocity$ 为水流速度, cm/s; $AvgFlow$ 某一河段的平均流量, m³/d; $XSecArea$ 横截面积, m²。

$$AvgFlow = \frac{Inflow + Discharge}{2} \qquad (3\text{-}17)$$

式中，$Inflow$ 为流入该河段水量，m^3/d；$Discharge$ 为流出该河段水量，m^3/d。

本节内容仅列出不同生态系统，如湖泊、河流、河口的水量、流速方程，更多相关方程详见 http://water.epa.gov/scitech/datait/models/aquatox/upload/Technical-Documentation-3-1.pdf。

第二节　水质模型

本节内容仅列出重要水质特征参数，如溶解氧、氮、磷、无机碳和 pH 值相关方程，更多有关水质方程详见 http://water.epa.gov/scitech/datait/models/aquatox/upload/ Technical-Documentation-3-1.pdf。

一、溶解氧

溶解氧（Dissolved Oxygen，DO）是一个重要的调控终点。低浓度 DO 可导致鱼类和其他生物的大量死亡，并减少有毒有机物质的降解。DO 通常模拟为每日平均值，不考虑日变化，它是再曝气、光合作用、呼吸、分解和硝化作用的综合作用。

$$\begin{aligned}\frac{\mathrm{d}Oxygen}{\mathrm{d}t} &= Loading + Reaeration + Photosynthesized - BOD - \sum Respiration \\ &\quad - NitroDemand - Washout + Washin \pm TurbDiff \pm Diffusion_{\text{Seg}}\end{aligned} \qquad (3\text{-}18)$$

$$Reaeration = KReaer \cdot (O2Sat - Oxygen) \qquad (3\text{-}19)$$

$$Photosynthesized = O2Photo \cdot \sum\nolimits_{\text{Plant}} (Photosynthesis_{\text{Plant}}) \qquad (3\text{-}20)$$

$$BOD = O2Biomass \cdot \left[\sum\nolimits_{\text{Detritus}} (Decomposition_{\text{Detritus}}) \right] \qquad (3\text{-}21)$$

$$NitroDemand = O2N \cdot Nitrify \qquad (3\text{-}22)$$

上几式中，$\mathrm{d}Oxygen/\mathrm{d}t$ 为溶解氧浓度的变化值，$\text{g}/(\text{m}^3 \cdot \text{d})$；$Loading$ 为入流负荷，g/m^3；$Reaeration$ 为大气中氧气交换量，$\text{g}/(\text{m}^3 \cdot \text{d})$；$Photosynthesized$ 为光合作用产生的氧气量，$\text{g}/(\text{m}^3 \cdot \text{d})$；$BOD$ 为生化需氧量，$\text{g}/(\text{m}^3 \cdot \text{d})$；$\sum Respiration$ 为所有有机体的呼吸速率总和，$\text{g}/(\text{m}^3 \cdot \text{d})$；$NitroDemand$ 为硝化作用吸收的氧气，

g/(m³·d)；*Washout* 为流入下游携带走的氧损失，g/(m³·d)；*Washin* 为上游携带来的氧量，g/(m³·d)；*Diffusion*~Seg~ 为两河段连接处的扩散传输引起的增益或损耗，g/(m³·d)；*KReaer* 为平均深度曝气系数，1/d；*O2Sat* 为氧的饱和溶解度，g/m³；*Oxygen* 氧的浓度，g/m³；*O2Photo* 为氧气与光合作用比率，1.6；*O2Biomass* 为氧与有机质的比率；*Photosynthesis* 为光合作用速率，g/(m³·d)；*Decomposition*~Detritus~ 为降解速率，g/(m³·d)；*O2N* 为氧氮比；*Nitrify* 为硝化作用速率，g·N/(m³·d)。

二、氮

AQUATOX 模型模拟水体中氨氮和硝态氮。亚硝酸盐的浓度很低且极易通过硝化和反硝化作用转化，因此，方程是通过硝酸盐建模的。非离子氨不是作为单独的状态变量建模，而是作为氨的一部分被估计的。

游离氮能被蓝藻固定。固氮作用和反硝化作用都受环境条件的制约，而且很难建立精确的模型，因此，氮循环具有较大的不确定性。AQUATOX 模型估算并输出水体中的总氮（TN）。总氮为水体中氨氮和硝酸盐量的总和，以及与溶解、悬浮的颗粒物有机物和浮游植物相关的氮。AQUATOX 模型中氮循环过程示意图如图 3-1 所示。

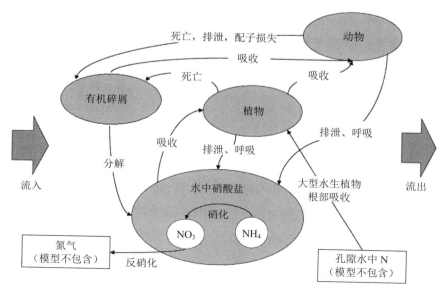

图 3-1　AQUATOX 模型中氮循环过程示意图

在水体中，氨被藻类和大型水生植物吸收，并通过硝化作用转化为硝酸盐，即：

$$\frac{\mathrm{d}Ammonia}{\mathrm{d}t} = Loading + Remineralization - Nitrify - Assimilation_{\mathrm{Ammonia}}$$
$$- Washout + Washin \pm TurbDiff \pm Diffusion_{\mathrm{Seg}} + Flux_{\mathrm{Diagenesis}} \quad （3-23）$$

式中，$\mathrm{d}Ammonia/\mathrm{d}t$ 为氨浓度随时间变化值，$\mathrm{g}/(\mathrm{m}^3\cdot\mathrm{d})$；$Loading$ 为来自上游营养物负荷，$\mathrm{g}/(\mathrm{m}^3\cdot\mathrm{d})$；$Remineralization$ 为来自有机体和碎屑的氨，$\mathrm{g}/(\mathrm{m}^3\cdot\mathrm{d})$；$Nitrify$ 为硝化作用，$\mathrm{g}/(\mathrm{m}^3\cdot\mathrm{d})$；$Assimilation$ 为植物吸收的营养物，$\mathrm{g}/(\mathrm{m}^3\cdot\mathrm{d})$；$Washout$ 为流入下游的损失负荷，$\mathrm{g}/(\mathrm{m}^3\cdot\mathrm{d})$；$Washin$ 为上游携带来的负荷，$\mathrm{g}/(\mathrm{m}^3\cdot\mathrm{d})$；$Diffusion_{\mathrm{Seg}}$ 为两河段连接处的扩散传输引起的增益或损耗，$\mathrm{g}/(\mathrm{m}^3\cdot\mathrm{d})$；$TurbDiff$ 为分层时平均深度湍流扩散，$\mathrm{g}/(\mathrm{m}^3\cdot\mathrm{d})$；$Flux_{\mathrm{Diagenesis}}$ 为来自沉积物成岩模型的潜在通量，$\mathrm{g}/(\mathrm{m}^3\cdot\mathrm{d})$。

$$Remineralization = PhotoResp + DarkResp + AnimalResp + AnimalExcr$$
$$+ DetritalDecomp + AnimalPredation + NutrRelDefecation$$
$$+ NutrRelPlantSink + NutrRelMortality + NutrRelGameteLoss$$
$$+ NutrRelColonization + NutrRelPeriScour \quad （3-24）$$

式中，$PhotoResp$ 为藻类白天光呼吸释放的氨，$\mathrm{g}/(\mathrm{m}^3\cdot\mathrm{d})$；$DarkResp$ 为藻类夜晚呼吸释放的氨，$\mathrm{g}/(\mathrm{m}^3\cdot\mathrm{d})$；$AnimalResp$ 为动物呼吸排出的氨，$\mathrm{g}/(\mathrm{m}^3\cdot\mathrm{d})$；$AnimalExcr$ 为动物将营养物转化为氨以维持所需的有机物与氮的比例，$\mathrm{g}/(\mathrm{m}^3\cdot\mathrm{d})$；$DetritalDecomp$ 为因碎屑分解而释放的氮，$\mathrm{g}/(\mathrm{m}^3\cdot\mathrm{d})$；$AnimalPredation$ 为当动物捕食不同猎物时，动物体内氮含量变化，$\mathrm{g}/(\mathrm{m}^3\cdot\mathrm{d})$；$NutrRelDefecation$ 为动物排泄时释放的氨，$\mathrm{g}/(\mathrm{m}^3\cdot\mathrm{d})$；$NutrRelPlantSink$ 为从植物沉降到转化为碎屑的氮平衡，$\mathrm{g}/(\mathrm{m}^3\cdot\mathrm{d})$；$NutrRelMortality$ 为从生物体的死亡到转化为碎屑的氮平衡，$\mathrm{g}/(\mathrm{m}^3\cdot\mathrm{d})$；$NutrRelGameteLoss$ 为从配子损失到转化为碎屑的氮平衡，$\mathrm{g}/(\mathrm{m}^3\cdot\mathrm{d})$；$NutrRelColonization$ 为从难溶解碎屑转化为稳定碎屑的氮平衡，$\mathrm{g}/(\mathrm{m}^3\cdot\mathrm{d})$；$NutrRelPeriScour$ 为当附着藻类被冲刷转化为浮游植物和悬浮碎屑时的氮平衡，$\mathrm{g}/(\mathrm{m}^3\cdot\mathrm{d})$。

$$\frac{\mathrm{d}Nitrate}{\mathrm{d}t} = Loading + Nitrify - Denitrify - Assim_{\mathrm{Nitrate}} - Washout + Washin$$
$$\pm TurbDiff \pm Diffusion_{\mathrm{Seg}} + Flux_{\mathrm{Diagenesis}} \quad （3-25）$$

式中，$\mathrm{d}Nitrate/\mathrm{d}t$ 为硝酸盐浓度随时间的变化，$\mathrm{g}/(\mathrm{m}^3\cdot\mathrm{d})$；$Loading$ 为使用者输入的硝酸盐负荷，包括大气沉降，$\mathrm{g}/(\mathrm{m}^3\cdot\mathrm{d})$；$Denitrify$ 反硝化作用脱氮，$\mathrm{g}/(\mathrm{m}^3\cdot\mathrm{d})$；$Washin$ 为上游携带的硝酸盐负荷，$\mathrm{g}/(\mathrm{m}^3\cdot\mathrm{d})$；$Diffusion_{\mathrm{Seg}}$ 为两河段连接处的扩散传

输引起的增益或损耗，g/(m^3·d)；$Flux_{Diagenesis}$ 为来自沉积物成岩模型的潜在通量，g/(m^3·d)。

$$Assimilation_{Ammmoia} = \sum_{Plant} (Photosynthesis_{Plant} \cdot N2Org_{Plant} \cdot NH4Pref) \qquad (3-26)$$

$$Assimilation_{Notrate} = \sum_{Plant} [Photosynthesis_{Plant} \cdot N2Org_{Plant} \cdot (1 - NH4Pref)] \qquad (3-27)$$

上两式中，$Assimilation$ 为给定养分的吸收速率，分为两种，g/(m^3·d)；$Photosynthesis$ 为光合作用速率，g/(m^3·d)；$N2Org_{Plant}$ 为光合作用产物为氮的部分，g/(m^3·d)；$NH4Pref$ 为氨偏好的环境条件。

$$NH4Pref = \frac{N2NH4 \cdot Ammonia \cdot N2NO3 \cdot Nitrate}{(KN + N2NH4 \cdot Ammonia) \cdot (KN + N2NO3 \cdot Nitrate)} + \frac{N2NH4 \cdot Ammonia \cdot KN}{(N2NH4 \cdot Ammonia + N2NO3 \cdot Nitrate) \cdot (KN + N2NO3 \cdot Nitrate)} \qquad (3-28)$$

式中，$N2NH4$ 为氮和氨之比，一般取值为 0.78；$N2NO3$ 为氮和硝酸盐之比，一般取值为 0.23；KN 为氮吸收半饱和常数，g/m^3；$Ammonia$ 为氨的浓度，g/m^3；$Nitrate$ 为硝酸盐浓度，g/m^3。

$$Nitrify = KNitri \cdot DOCorrection \cdot TCorr \cdot pHCorr \cdot Ammonia \qquad (3-29)$$

$$Denitrify = KDenitri \cdot (1 - DOCorrection) \cdot TCorr \cdot pHCorr \cdot Nitrate \qquad (3-30)$$

上两式中，$Nitrify$ 为硝化作用速率，g/(m^3·d)；$KNitri$ 为最大硝化速率，1/d；$DOCorrection$ 为厌氧条件修正值；$TCorr$ 为次最佳温度修正值；$pHCorr$ 为次最佳 pH 修正值；$Ammonia$ 为氨浓度，g/m^3；$Denitrify$ 为反硝化作用速率，g/(m^3·d)；$KDenitri$ 为使用者输入最大反硝化速率，1/d；$TCorr$ 为次最佳温度影响；$pHCorr$ 为次最佳 pH 值影响；$Nitrate$ 为硝酸盐浓度，g/m^3。

三、磷

磷循环比氮循环简单，分解、排泄和吸收是与氮循环过程相似的重要过程。与氨和硝酸盐的情况一样，如果包括可选的沉积物成岩作用模型，可将来自沉积物床的磷酸盐通量添加到水体中，特别是在缺氧条件下。此外，在高 pH 值环境中，由于碳酸钙沉淀，方解石的吸附可能对磷酸盐预测有显著的影响。

$$\frac{dPhosphate}{dt} = Loading + Remineralization - Assimilation_{\text{Phosphate}} - Washout \qquad (3\text{-}31)$$
$$+ Washin \pm TurbDiff \pm Diffusion_{\text{Seg}} - SorptionP + Flux_{\text{Diagenesis}}$$

$$Assimilation = \sum\nolimits_{\text{Plant}} (Photosynthesis_{\text{Plant}} \cdot Uptake_{\text{Phosphorus}}) \qquad (3\text{-}32)$$

上两式中，dPhosphate/dt 为磷酸盐浓度随时间变化值，$g/(m^3 \cdot d)$；Loading 为来自上游和大气沉降的营养物负荷值，$g/(m^3 \cdot d)$；Remineralization 为来自有机碎屑和生物体的磷酸盐，$g/(m^3 \cdot d)$；Assimilation 为来自植物吸收部分，$g/(m^3 \cdot d)$；TurbDiff 为变温层与深水层之间平均深度湍流扩散值，$g/(m^3 \cdot d)$；Washout 为河流携带入下游的营养物损失，$g/(m^3 \cdot d)$；Washin 为来自上游河段的营养物负荷值，$g/(m^3 \cdot d)$；Diffusion_{Seg} 为两河段连接处的扩散传输引起的磷增益或损耗，$g/(m^3 \cdot d)$；SorptionP 为磷对方解石的吸附率，$mgP/L \cdot d$；Flux_{Diagenesis} 为来自沉积物成岩作用模型的潜在通量，$g/(m^3 \cdot d)$；Photosynthesis 为光合作用速率，$g/(m^3 \cdot d)$；Uptake 为光合作用中磷酸盐部分比例。

$$Remineralization = PhotoResp + DarkResp + AnimalResp + AnimalExcr$$
$$+ DetritalDecomp + AnimalPredation + NutrRelDefecation$$
$$+ NutrRelPlantSink + NutrRelMortality + NutrRelGameteLoss$$
$$+ NutrRelColonization + NutrRelPeriScour \qquad (3\text{-}33)$$

式中，PhotoResp 为藻类光呼吸引起的磷酸盐释出，$g/(m^3 \cdot d)$；DarkResp 为藻类夜晚呼吸引起的磷酸盐释出，$g/(m^3 \cdot d)$；AnimalResp 为动物呼吸引起的磷酸盐释出，$g/(m^3 \cdot d)$；AnimalExcr 为动物将营养物转化为磷以维持所需的有机物与磷的比例，$g/(m^3 \cdot d)$；DetritalDecomp 为有机碎屑的分解引起磷的释放，$g/(m^3 \cdot d)$；AnimalPredation 为当动物捕食不同猎物时，动物体内磷含量变化，$g/(m^3 \cdot d)$；NutrRelDefecation 为动物排泄时磷的释放，$g/(m^3 \cdot d)$；NutrRelPlantSink 从植物沉降到转化为有机碎屑的磷平衡，$g/(m^3 \cdot d)$；NutrRelMortality 从生物体死亡到转化为有机碎屑的磷平衡，$g/(m^3 \cdot d)$；NutrRelGameteLoss 为从配子损失到转化为有机碎屑的磷平衡，$g/(m^3 \cdot d)$；NutrRelColonization 为从难溶解碎屑转化为稳定碎屑的磷平衡，$g/(m^3 \cdot d)$；NutrRelPeriScour 为当附着藻类被冲刷转化为浮游植物和悬浮碎屑时的磷平衡，$g/(m^3 \cdot d)$。

AQUATOX 模型模拟并输出水体中的总磷（TP）。TP 是水体中溶解态磷酸盐，以及与溶解态和悬浮态有机物和浮游植物相关的磷酸盐总和。AQUATOX 模型中磷循环过程示意图如图 3-2 所示。

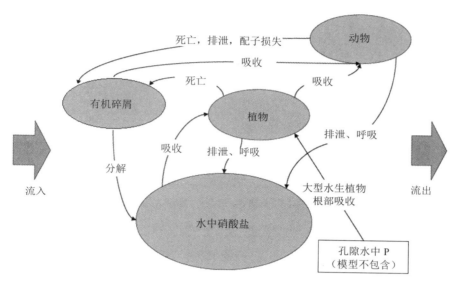

图 3-2 AQUATOX 模型中磷循环过程示意图

四、无机碳

作为水生态系统重要组分，许多模型忽略了二氧化碳。然而，它是一种重要的限制性营养物。与其他营养物类似，它由分解生物体产生，被植物吸收，并参与有机体呼吸过程。

$$\frac{\mathrm{d}CO2}{\mathrm{d}t} = Loading + Respired + Decompose - Assimilation - Washout$$
$$+ Washin \pm CO2AtmosExch \pm TurbDiff \pm Diffusion_{Seg}$$
（3-34）

$$Respired = CO2Biomass - \sum\nolimits_{\mathrm{Organism}}(Respiration)_{\mathrm{Organism}}$$
（3-35）

$$Assimilation = \sum\nolimits_{\mathrm{Plant}}(Photosynthesis_{\mathrm{Plant}} \cdot UptakeCO2)$$
（3-36）

$$Decompose = CO2Biomass \cdot \sum\nolimits_{\mathrm{Detritus}}(Decomp_{\mathrm{Detritus}})$$
（3-37）

上几式中，$\mathrm{d}CO2/\mathrm{d}t$ 为 CO_2 浓度变化值，$g/(m^3 \cdot d)$；$Loading$ 为 CO_2 入流负荷，$g/(m^3 \cdot d)$；$Respired$ 为呼吸产生的 CO_2 值，$g/(m^3 \cdot d)$；$Decompose$ 为分解产生的 CO_2 值，$g/(m^3 \cdot d)$；$Assimilation$ 为 CO_2 被植物吸收值，$g/(m^3 \cdot d)$；$Washout$ 为流入下游携带损失 CO_2 浓度，$g/(m^3 \cdot d)$；$Washin$ 为上游河段携带流入 CO_2 浓度，$g/(m^3 \cdot d)$；

$Diffusion_{Seg}$ 为两河段连接处的扩散传输引起的磷增益或损耗，g/(m³·d)；$CO2AtmosExch$ 为 CO_2 与大气交换值，g/(m³·d)；$CO2Biomass$ 为 CO_2 与有机质比例，无单位；$Respiration$ 为呼吸速率，g/(m³·d)；$Decomposition$ 为分解速率，g/(m³·d)，$Photosynthesis$ 为光合作用速率，g/(m³·d)；$UptakeCO2$ 为 CO_2 与光合产物比率，一般取值为 0.53。

$$CO2AtmosExch = KLiqCO2 \cdot (CO2Sat - CO2) \qquad (3\text{-}38)$$

$$KLiqCO2 = KReaer \cdot \left(\frac{MolWtO2}{MolWtCO2} \right)^{0.25} \qquad (3\text{-}39)$$

上两式中，$CO2AtmosExch$ 为 CO_2 与大气交换值，g/(m³·d)；$KLiqCO2$ 为平均深度液相传质系数，1/d；$CO2Sat$ 指 CO_2 平衡浓度，g/m³；$CO2$ 指 CO_2 浓度，g/m³；$KReaer$ 指氧的平均深度曝气系数，1/d；$MolWtO2$ 指氧气的分子重量，一般取值为 32；$MolWtCO2$ 指二氧化碳分子重量，一般取值为 44。

五、pH 值

在 AQUATOX 模型模拟中，pH 值是很重要的环境因素。使用者可以输入时间序列 pH 值驱动模型，也可以使用 AQUATOX 模型计算 pH 值，即：

$$pHCalc = A + B \cdot ArcSinH \left(\frac{Alkalinity - 5.1 \cdot DOC}{C} \right) \qquad (3\text{-}40)$$

式中，$pHCalc$ 为 pH 值；$ArcSinH$ 为反双曲正弦函数；$Alkalinity$ 为格兰碱度 μeqCaCO₃/L；DOC 为难溶有机碳，mg/L。

$$A = -\lg \sqrt{Alpha} \qquad (3\text{-}41)$$

$$B = 1 - \ln 10 \qquad (3\text{-}42)$$

$$C = 2 \cdot \sqrt{Alpha} \qquad (3\text{-}43)$$

$$Alpha = H2CO3* \cdot CCO2 + pkw \qquad (3\text{-}44)$$

$$H2CO3* = 10^{-(6.57 - 0.0118 \cdot T + 0.00012 \cdot T \cdot T) \cdot 0.92} \qquad (3\text{-}45)$$

上几式中，$H2CO3*$ 为第一酸度常数，$CCO2$ 指 CO_2 当量浓度，μeq/L；pkw 为水电离常数，T 为温度。

第三节　水生态模型

　　水生态模型涵盖了湿地结构特征模型和功能特征模型。湿地结构特征主要选用浮游植物生物量、底栖藻类生物量、大型水生植物生物量、浮游动物生物量、底栖无脊椎动物生物量和鱼类生物量模型。湿地功能特征主要选用湿地生态系统初级生产力和群落呼吸速率模型。更多有关水生态方程详见 http://water.epa.gov/scitech/datait/models/aquatox/upload/ Technical-Documentation-3-1.pdf。

一、生物量

1. 浮游藻类和附着藻类

　　浮游藻类生物量单位为 g/m^3，附着藻类生物量单位为 g/m^2。藻类生物量与浮游植物初始量、光合作用、呼吸、排泄或光呼吸、非捕食死亡、牧食或捕食死亡、脱落（附着藻类）、冲刷等综合作用有关。除此之外，浮游植物也会下沉，如果湖水分层，湍流扩散也会影响浮游植物生物量。

$$\frac{dBiomass_{Phyto}}{dt} = Loading + Photosynthesis - Respiration - Excretion$$
$$- Mortality - Predation \pm Sinking \pm Floating$$
$$- Washout + Washin \pm TurbDiff + Diffusion_{Seg} + \frac{Slough}{3} \quad (3\text{-}46)$$

$$\frac{dBiomass_{Peri}}{dt} = Loading + Photosynthesis - Respiration - Excretion$$
$$- Mortality - Predation + Sed_{Peri} - Slough \quad (3\text{-}47)$$

上两式中，$dBiomass/dt$ 为浮游藻类（下标 Phyto）或附着藻类（下标 Peri）生物量随时间的变化量，$g/(m^3 \cdot d)$；$Loading$ 为藻类生物量临界值，$g/(m^3 \cdot d)$；$Photosynthesis$ 为光合作用速率，$g/(m^3 \cdot d)$；$Respiration$ 为呼吸损失，$g/(m^3 \cdot d)$；$Excretion$ 为排泄或光呼吸值，$g/(m^3 \cdot d)$；$Mortality$ 为非捕食死亡数，$g/(m^3 \cdot d)$；$Predation$ 为捕食死亡数，$g/(m^3 \cdot d)$；$Washout$ 为携带进入下游的附着藻类生物量，$g/(m^3 \cdot d)$；$Washin$ 为上游流入的附着藻类生物量，$g/(m^3 \cdot d)$；$Sinking$ 为在水体与沉积物之间由于浮游藻类沉降引起的增益或损耗量，$g/(m^3 \cdot d)$；$Floating$ 为由于浮游

植物漂浮于水面引起的深水层损失生物量或浅水层增加生物量，$g/(m^3 \cdot d)$；*TurbDiff* 为紊流扩散生物量，$g/(m^3 \cdot d)$；*Diffusion*$_{Seg}$ 为两河段连接处由于扩散转移引起的增益或损耗量，$g/(m^3 \cdot d)$；*Slough* 为附着藻类的冲刷损失量或相连的浮游植物增加量，$g/(m^2 \cdot d)$ 或 $g/(m^3 \cdot d)$；*Sed*$_{Peri}$ 为浮游藻类到附着藻类沉降生物量，$g/(m^2 \cdot d)$。

2. 大型水生植物

大型水生植物是浅水生态系统的重要组成部分。在生长季节，水生态系统中大多数生物量以大型水生植物的形式存在。季节性的大型水生植物生长、死亡和分解会影响营养循环、有机碎屑和氧气浓度。通过形成浓密的植被，大型水生植物可以改变栖息地，保护无脊椎动物和小鱼免受捕食。同时还为许多水禽提供直接和间接的食物来源。

由于在透光带内的底面区域，有根的大型水生植物大量生长，AQUATOX 模型中水生植物代表大型有根水生植物。由于浮游植物大量增殖或有机碎屑增加导致的水体浊度升高，会使大型水生植物生物量减少。因此，预测大型水生植物占据面积的多少依赖于水体清晰度，即：

$$
\begin{aligned}
\frac{\mathrm{d}Biomass}{\mathrm{d}t} =\ & Loading + Photosynthesis - Respiration - Excretion \\
& - Mortality - Predation - Breakage \\
& + Washout_{FreeFloat} - Washin_{FreeFloat}
\end{aligned}
\tag{3-48}
$$

式中，$\mathrm{d}Biomass/\mathrm{d}t$ 为大型水生植物生物量随时间的变化量，$g/(m^2 \cdot d)$；*Loading* 为大型水生植物初始值，$g/(m^2 \cdot d)$；*Photosynthesis* 为光合作用速率，$g/(m^2 \cdot d)$；*Respiration* 为呼吸损失，$g/(m^2 \cdot d)$；*Excretion* 为排泄或光呼吸值，$g/(m^2 \cdot d)$；*Mortality* 为非捕食死亡数，$g/(m^2 \cdot d)$；*Predation* 为捕食死亡数，$g/(m^3 \cdot d)$；*Breakage* 为破损损失，$g/(m^3 \cdot d)$；*Washout*$_{freefloat}$ 为冲刷走的自由漂浮大型水生植物量，$g/(m^2 \cdot d)$；*Washin*$_{freefloat}$ 为上游河段携带入的大型水生植物量，$g/(m^2 \cdot d)$。

3. 动物

AQUATOX 模型中，浮游动物、底栖无脊椎动物、底栖昆虫和鱼类均被模拟，模型的构造基本相同，区别很小。以下是广义的动物子模型，可以使用不同参数模拟不同生物群落，即有：

$$\frac{\mathrm{d}Biomass}{\mathrm{d}t} = Load + Consumption - Defecation - Respiration$$
$$- Fishing - Excretion - Mortality - Predation$$
$$- GameteLoss \pm Diffustion_{Seg} - Washout + Washin$$
$$\pm Migration - Promotion + Recruit - Entrainment$$
（3-49）

$$GrowthRate = Consumption - Defecation - Respiration - Excretion \quad （3-50）$$

式中，d$Biomass$/dt 为动物生物量随时间的变化量，g/(m³·d)；$Load$ 为生物量初始负荷，通常指来自上游的生物量，g/(m³·d)；$Consumption$ 为食物的消耗，g/(m³·d)；$Defecation$ 为未消化食物的排泄，g/(m³·d)；$Respiration$ 为呼吸速率，g/(m³·d)；$Fishing$ 为由于捕捞造成的生物损失，g/(m³·d)；$Excretion$ 为排泄，g/(m³·d)；$Mortality$ 为非捕食死亡数，g/(m³·d)；$Predation$ 为捕食死亡数，g/(m³·d)；$GameteLoss$ 为配子在产卵过程中丢失，g/(m³·d)；$Washout$ 为被带入下游损失的生物量，g/(m³·d)；$Washin$ 为来自上游河段的生物量，g/(m³·d)；$Diffustion_{Seg}$ 为两河段连接处由于扩散转移引起的增益或损耗量，仅指浮游无脊椎动物，g/(m³·d)；$Migration$ 为垂直方向上动物迁移引起的增益或损耗量，g/(m³·d)；$Promotion$ 为生长到更大尺寸级别生物量，g/(m³·d)；$Recruit$ 为原先尺寸级别的增长生物量，g/(m³·d)；$Entrainment$ 为夹带或被洪水带入下游的生物量，g/(m³·d)；$GrowthRate$ 为每天生长率，%。

二、初级生产力和群落呼吸速率

1. 初级生产力

AQUATOX 模型植物库模拟藻类和大型水生植物。植物初级生产力受温度、可透过光线、营养物质、栖息地类型等条件影响。水生植物总初级生产力为藻类初级生产力与大型植物初级生产力之和。藻类、大型水生植物的初级生产力计算方程如下。

（1）藻类的初级生产力计算方程为：

$$\begin{cases} P_{algae} = P_{max} \cdot PProd_{limit} \cdot Biomass_{alage} \cdot Habitat_{limit} \cdot Salt_{effect} \\ PProd_{limit-photo} = Lt_{limit} \cdot Nutriimit \cdot Tcorr \cdot Frac_{Photo} \\ PProd_{limit-peri} = Lt_{limit} \cdot Nutri_{limit} \cdot V_{limit} \cdot (Frac_{littoral} \\ \qquad + SurfArea_{Conv} \cdot Biomass_{macro})T_{corr} \cdot Frac_{Photo} \end{cases} \quad （3-51）$$

式中，P_{algae} 为浮游藻类与附着藻类的光合作用率，g/(m²·d)；P_{max} 为最大光合作用率，l/d；$Biomass_{alage}$ 为浮游藻类与附着藻类的生物量，g/m^2；$Habitat_{limit}$ 为由于植物喜好的栖息地限制作用；$Salt_{effect}$ 为盐度对光合作用影响；Lt_{limit} 为光的限制作用；$Nutri_{limit}$ 为营养物的限制作用；T_{corr} 为不适宜温度限制作用；$Frac_{Photo}$ 为有毒物质对光合作用影响；V_{limit} 为流速对底栖藻类限制；$Frac_{littoral}$ 为透光层面积的比例；$SurfArea_{Conv}$ 为单位底栖藻类转变为大型植物的面积，m^2/g；$Biomass_{macro}$ 为大型植物在系统中总生物量，g/m^2。

（2）大型水生植物的初级生产力计算方程为：

$$P_{macro} = P_{max} \cdot Lt_{limit} \cdot T_{corr} \cdot Biomass_{macro} \cdot Frac_{littoral} \cdot \\ Nutri_{limit} \cdot Frac_{Photo} \cdot Habitat_{limit} \tag{3-52}$$

式中，P_{macro} 为大型植物光合作用率，$g/(m^2 \cdot d)$；$Nutri_{limit}$ 为对苔藓植物或自由漂浮植物的营养物限制。

2. 群落呼吸速率

群落呼吸速率不仅仅包括藻类和大型水生植物的呼吸，还包括动物呼吸作用，为整个水生态系统的总呼吸作用。

（1）藻类和大型水生植物。内呼吸或暗呼吸过程中，植物利用氧气产生自身代谢所需的能量，与此同时，释放出二氧化碳。藻类及大型水生植物呼吸速率的计算方程为：

$$Re = Re20 \cdot 1.045^{(T-20)} \cdot Biomass \tag{3-53}$$

式中，Re 为暗呼吸，$g/(m^3 \cdot d)$；$Re20$ 为使用者输入的 20℃呼吸速率，$g/(g \cdot d)$；T 为实际水温，℃；$Biomass$ 为植物生物量，g/m^3。该方程对藻类和大型水生植物均适用。

（2）动物。动物呼吸可认为由三部分组成，且受盐度影响，具体计算方程为：

$$Respiration_{pred} = (StdResp_{pred} + ActiveResp_{pred} + SpecDynAction_{pred}) \cdot SaltEffect \tag{3-54}$$

式中，$Respiration_{pred}$ 为捕食者的呼吸损失，$g/(m^3 \cdot d)$；$StdResp_{pred}$ 为温度修正后的基础呼吸损失，$g/(m^3 \cdot d)$；$ActiveResp_{pred}$ 为游泳损耗的呼吸损失，$g/(m^3 \cdot d)$；$SpecDynAction_{pred}$ 为自身代谢的呼吸损失，$g/(m^3 \cdot d)$；$SaltEffect$ 为盐度对呼吸损失的影响。

根据生物量、光的限制作用及营养物限制作用等方程（详见 http://water.epa.gov/scitech/datait/models/aquatox/upload/Technical-Documentation-3-

1.pdf)，可以计算出藻类和大型水生植物总初级生产力，藻类、大型水生植物和动物的群落呼吸速率，进而求出水生态系统净生产力。

第四节　模型验证和敏感性分析

一、模型验证

在控制（Control）条件下，运用野外调查所获得的水质及种群生物量数据，对所建立的模型进行校正。在模型校准的过程中，模拟的准确性通过以下两个指数来进行拟合优度指数评价，即一致修正指数（the Modified Index of Agreement，MIA）（Willmott et al., 1985）和有效修正系数（the Modified Coefficient of Efficiency，MCE）（Legates, 1999）。校正结果根据 5 个等级进行分类，具体分类见表 3-1（Henriksen et al., 2003）。若 MIA 用 d_1 来表示，MCE 用 E_1 来表示，则有：

$$\begin{cases} d_1 = 1 - \dfrac{\sum_{i=1}^{n}|O_i - P_i|}{\sum_{i=1}^{n}|P_i - \overline{O}| + |O_i - O|} \\ \\ E_1 = 1 - \dfrac{\sum_{i=1}^{n}|O_i - P_i|}{\sum_{i=1}^{n}|O_i - \overline{O}|} \end{cases} \tag{3-55}$$

式中，O_i 为第 i 时间实测值；P_i 为第 i 时间模拟值；$\overline{O}$ 为观测平均值；n 为实测值次数。

表 3-1　模型校正结果分类

指数值	<0.20	0.20～0.50	0.50～0.65	0.65～0.85	>0.85
分类	非常差	差	好	很好	极好

此外，绝对误差通过均方根误差（RMSE）和平均绝对误差（MAE）进行估算。

$$\begin{cases} RMSE = \sqrt{\dfrac{1}{n}\sum_{i=1}^{n}(Q_i - P_i)^2} \\ \\ MAE = \dfrac{1}{n}\sum_{i=1}^{n}|Q_i - P_i| \end{cases} \tag{3-56}$$

绝对误差是评价模拟值与实测值是否一致的有效方法。如果 *RMSE* 或 *MAE* 为 0，说明模拟值与实测值相同（Bartell et al., 1992），*RMSE* 或 *MAE* 值越小，模拟值与实测值越接近。

二、敏感性分析

敏感性指输入数值变化而引起的模型输出结果的变化。敏感性分析提供了对于模型输出结果变化或不确定性的相对贡献的假设输入排序。正常范围敏感性分析用于评估小范围敏感性（对每个参数的值进行 15% 的加减），偶尔也进行较大范围差异的分析（加减 33%）。由于计算时间的限制，这两个测试并不是针对列出的每个地点运行的。在两个地点，近距离和远距离的模拟都被用来检验模型对参数变化的线性响应。在将远距灵敏度结果解释为参数值增加或减少 33% 时，必须注意，因为这可能会使该值超出可信范围。

当参数变化 10% 导致模型结果变化 10% 时，灵敏度计算为 100%。在解释正常范围不确定性分析结果时，敏感性统计结果可以计量如下：

$$Sensitivity = \frac{|Result_{Pos} - Result_{Baseline}| + |Result_{Neg} - Result_{Baseline}|}{2 \cdot |Result_{Baseline}|} \cdot \frac{100}{PctChanged}$$

（3-57）

式中，*Sensitivity* 为敏感统计量，%；$Result_{Baseline}$ 为给定终点的 AQUATOX 平均结果，假设输入参数是正变化、负变化或者无变化（基线）；*PctChanged* 为输入参数正向或负向修改的百分比。

对于跟踪的每个输出变量，可以根据平均灵敏度（正向和负向测试）对模型参数进行排序，并绘制在条形图上，最终的结果被称为 Tornado 图表，如图 3-3 所示。在 Tornado 图表中，图中间的垂直线代表确定性模型结果。灰线表示给定参数减少时模型结果，黑线表示参数增加时模型结果。

三、研究区选择

流域具有很大的空间异质性，包含河流、湖泊和河口等多种湿地生态单元，而不同湿地的功能指标差异较大。AQUATOX 模型在海河流域不同湿地的应用，有助于获得不同湿地功能性信息，以期将 AQUATOX 模型拓展应用于流域范围的水生态系统功能预测，从而为流域管理提供更全面的信息。

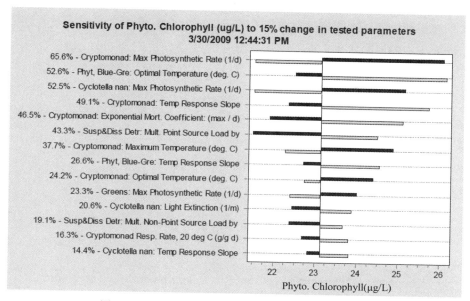

图 3-3　Onondaga NY.湖中浮游叶绿素 a 敏感性分析

海河流域是我国七大流域之一。海河流域东临渤海，西倚太行，南界黄河，北接蒙古高原。海河流域由海河北系、海河南系、徒骇马颊河水系和滦河及冀东沿海诸河水系四大水系构成。其中，海河水系（海河南系和海河北系）是主要水系，由北运河、潮白河、永定河、大清河、子牙河等组成。

海河流域总面积 31.82 万 km²，占我国总面积的 3.3%，地跨北京、天津、河北、河南、山西、山东、内蒙古和辽宁 8 个省、自治区、直辖市，是我国政治文化中心地区，也是全国重要的经济重心之一，在全国经济社会发展格局中占有十分重要的战略地位。海河流域人口密集，城市化进程迅速，虽面积只占全国的 3.3%，人口却占到全国的 9.7%，国内粮食产量和生产总值均占全国的 12%，而水资源只占全国水资源的 1.49%，流域内靠大量超采地下水和挤占农业用水来满足经济发展需求。长期以来，海河流域实施了大量以水利建设为中心的大规模人类活动，截至 2013 年，建成大型水库 35 座，中型水库 111 座，大中小型共计 1900 多座，这使得生态环境迅速恶化。由于受到强烈的人为干扰，部分河流断流，白洋淀等 12 个主要湿地面积减少了 83%（马牧源等，2010），海河等河口入海径流量从 1950 年的 1.835×10^{10} m³ 减少至 2004 年的 9.23×10^{8} m³，且入海径流量基本上是汛期径流（雷坤，2007）。这引发了泥沙淤积和水环境污染等一系列问题，并危及到河口和近海环境和生物资源（王兆印等，2006）。海河北系水质、水量及水生态均处于中等风险水平，而海河南系则为高风险水平（Liu et al., 2011）。

湖泊是较为封闭的水生态系统，河流、河口有着截然不同的水动力学机制和水化条件，三者环境的开放性和水体交换特征有着明显区别，因此在生物群落组成、分布、生产机制及与环境的相互作用等方面存在较大差异。本研究选取海河流域中等风险区——海河北系河流（北运河）、高风险区——海河南系典型湖泊（白洋淀）和主要入海河口（海河河口）作为研究区域，辨析流域内不同生态单元功能性指标的差异。

参考文献

[1] Hoggan D H. Computer-Assisted Floodplain Hydrology and Hydraulics[M]. New York: McGraw-Hill, inc, 1989:518.

[2] U.S. Department of Commerce. Manual of Harmonic Analysis and Prediction of Tides. Special Publication No. 98, Revised (1940) Edition (reprinted 1958 with corrections; reprinted again 1994)[Z]. United States Government Printing Office, 1994.

[3] Ibáñez C, Saldaña J, Prat N. A Model to Determine the Advective Circulation in a Three Layer, Salt Wedge Estuary: Application to the Ebre River Estuary[J]. Estuarine, Coastal and Shelf Science, 1999, 48(2): 271-279.

[4] Thomann R V, Fitzpatrick J J. Calibration and Verification of a Mathematical Model of the Eutrophication of the Potomac Estuary[M]. Washington: D.C Department of Environmental Sciences, 1982.

[5] Thomann R V, Mueller J. Principles of Surface Water Quality Modeling and Control[M]. New York: Harper & Row Publishers, 1987.

[6] Willmott C J, Ackleson, S G, Davis R E, et al. Statistics for the evaluation and comparison ofmodels[J]. Journal of Geophysical Research-Oceans, 1985, 90(C5): 8995-9005.

[7] Legates D R, McCabe, G J. Evaluating the use of "goodness-of-fit" measures inhydrologic and hydroclimatic model validation[J]. Water resources

research, 1999, 35(1):233-24186.

[8] Henriksen H J, Troldborg L, Nyegaard P, et al. Methodology for construction, calibration and validation of a nationalhydrological model for Denmark[J]. Journal of Hydrology, 2003, 280: 52-71.

[9] Bartell S M, Gardner R H, O'Neill R V. Ecological Risk Estimation[M]. Boca Raton: Lewis Publishers, 1992.

[10] U.S. Environmental Protection Agency. Guiding Principles for Monte Carlo Analysis. Risk Assessment Forum[Z]. Environmental Protection Agency, 1997.

[11] 马牧源，刘静玲，杨志峰. 生物膜法应用于海河流域湿地生态系统健康评价展望[J]. 环境科学学报，2010, 30(2): 226- 236.

[12] 雷坤，孟伟，郑丙辉，等. 渤海湾西岸入海径流量和输沙量的变化及其环境效应[J]. 环境科学学报，2007, 27(12): 2052-2059.

[13] 王兆印，程东升，刘成. 人类活动对典型三角洲演变的影响——Ⅱ黄河和海河三角洲[J]. 泥沙研究，2006, 1:76-81.

[14] Liu J L, Chen Q Y, Li Y L, Yang Z F. Fuzzy synthetic model for risk assessment on Haihe River Basin[J]. Ecotoxicology, 2011, 20(5): 1131-1140.

第四章 AQUATOX 模型应用——河流

北运河是北京和天津的主要纳污水系，关乎京津区域发展的供水安全和生态安全。为保护生态环境，合理利用水资源，2013 年，我们对北运河浮游植物、底栖藻类、浮游动物、底栖动物等水生态资源和水质、水文等环境要素进行了调查。北运河水深较浅，平均不足 2m，由于沿途闸坝建设，流速很缓，水质污染严重。本章基于构建的 AQUATOX 模型，经验证后应用于北运河，模拟北运河水质、生物量、初级生产力和群落呼吸速率随时间的变化，辨识影响其生态特征的主要环境因子，以及不同生物群落对初级生产力和群落呼吸速率的相对贡献。

一、研究区概况

北运河水系为海河北系四大河流之一，发源于燕山南麓，自西北向东南流经北京市、河北省和天津市，在天津市红桥区注入海河。上游为山区丘陵地带，中下游为华北冲积平原，全长 142.7km，总流域面积为 6166km²。其中山区面积 952km²，平原面积 5214km²。山前地区形成洪积扇，地形坡度较陡，有大、小支沟 39 条分别汇流为北沙河、东沙河和南沙河。三条沙河汇合于昌平区沙河镇后称温榆河，沿途流经顺义、朝阳、通州区的平原区，依次汇入蔺沟、清河、龙道河、坝河、小中河等支流，集流于北关闸。沙河闸至北关闸以上称温榆河，以下至天津红桥称北运河。支流为南北沙河、清河、通惠河、凉水河等 10 余条支流，是北京生态环境的重要支撑水系，承担城市河湖景观、休闲旅游、排水等重要功能。

北运河属于温带大陆性季风气候，夏季炎热多雨，冬季寒冷干燥，秋季多风少雨，冬夏两季气温变化较大，并且冬季和夏季持续时间较长，春秋两季较短。多年平均相对湿度为 60%，年际间变化为 55%～67%。年蒸发量较大，多年平均为 1815.5mm，平均水深不足 2m。冬季多为西北风，平均风速为 3.0～3.5m/s，最大风速达 22.0m/s。北运河多年平均雨水径流量为 4.8×10⁹m³，其中 1999—2007 年，年平均雨水径流量为 1.8×10⁹m³。2007 年北运河雨水径流和污水总量约为 1.3×10¹⁰m³。流域多年平均降水量为 611mm，年内降水量变化不均匀，全年 80%～

90%的降水量集中在汛期的 6—9 月份，其中又以 7—8 月份降水量最多，多以局部地区暴雨为主。

北运河在北京市境内的河道长 89.4km，流域面积 4348km²。流域面积占北京市总面积的 25.9%，人口却占全市总人口的 70%，经济总量占 80%，承担着北京城区 90%以上的排水任务，是北京市人口最集中、产业最密集、城市化水平最高的流域。由于流域排污量大，水资源量匮乏，因此地表水污染十分严重，具有典型的城市河流污染特征和变化规律。由于抗洪防汛的需要，北运河系干流及支流上建设有各种规模的闸坝工程。

二、研究内容与方法

（1）采样点。北运河采样点布设主要采取点－线尺度结合方式。点尺度，即每个采样点的布设要涵盖典型性构筑物，如闸坝、桥梁、污水处理厂出水汇入处、支流汇入处等。线尺度，即各采样点汇成线，要涵盖各主要支流、干流。2013 年3 月、5 月、8 月和 11 月课题组在北运河及其支流进行采样。

（2）水质监测。AQUATOX 模型模拟需要的水质特征参数有水温（T）、pH、溶解氧（DO）、化学需氧量（COD_{Cr}）、生化需氧量（BOD_5）、氨氮（NH_4^+）、总氮（TN）、总磷（TP）、透明度（Trans）等水质指标。其中，T、pH、Tran、NH_4^+、和 DO 采用 YSI 多功能参数仪现场测定，其他水样每个采样点三份置于冰盒中运回实验室。BOD_5、COD_{cr}、TN 和 TP 依据 protocols 测定（奚旦立，2010）。

（3）样品采集及测定。

1）浮游动、植物。浮游植物用采水器采集水样 1000mL，放入样品瓶后立即加 1.0%～1.5%的鲁哥氏液固定。浮游动物用采水器采集水样 7500mL，再用 25号浮游生物网过滤浓缩至 50mL，水样放入样品瓶后立即加 5%的福尔马林溶液固定。根据《湖泊生态系统观测方法》中的测定方法确定浮游藻类和浮游动物生物量（陈伟明等，2005）。

2）大型水生植物。根据北运河水生植物分布规律，选取典型样带，将样地划分为 2m × 2m 的样方。在采样点，将铁夹完全张开，投入水中，带铁夹沉入水底后将其关闭上拉，倒出网内植物。去除枯死的枝、叶及杂质，放入编有号码的样品袋内。根据《湖泊生态系统观测方法》中的测定方法确定大型水生植物干重（陈伟明等，2005）。

3）底栖藻类。采样时按照每个断面附近 100m 左右采集 4～5 块河底石头，用软毛牙刷刷取石头上的藻类，并用蒸馏水冲洗干净，装入样本瓶后加 3%～5% 甲醛保存，冰盒保存后带回实验室，测量刷取藻类面积。

底栖藻类生物量采用无灰干重表示。分别取 3 份平行样品 2mL 蒸馏水悬浮，然后用孔径为 0.2μm 的玻璃纤维膜过滤，称重，在 105℃环境中干燥 24h 后再次称重，最后在 500℃马弗炉内烘干 1h 后称量样品灰，计算无灰干重（Ash-Free Dry Mass，AFDM）（Tlili et al., 2008），计算单位记为 $g \cdot m^{-2}$。

4）底栖动物。底栖动物用彼得生采样器采集，每个采样点采集 3～4 次，以减少随机误差。采样器提出水面后，底泥放入分样筛中清洗、筛选，检出的底栖动物放入采样瓶中，用 5%甲醛溶液固定，带回实验室进行鉴定分析。优势种类鉴定到种，其他种类至少鉴定到属。底栖动物每个样点按不同种类准确称重，要求标本表面水分已用吸水纸吸干，软体动物外套腔内的水分已从外面吸干。

5）鱼类。样方的划定与大型水生植物相同。采用渔民捕鱼的渔网进行鱼类采样。鱼体的质量以 g 或 mg 为单位，在称量过程中，所有的样品鱼应保持标准湿度，以免造成误差（陈伟明等，2005）。

（4）数据分析。北运河生态特征与温度、光强、水量等很多因素相关，本章采用 AQUATOX 模型对北运河总初级生产力和呼吸速率进行敏感性分析，分析最敏感参数，并进行排序。

为了明确各环境因素对北运河总初级生产力和呼吸速率的影响大小，本章采用 Pearson 相关性系数和多元回归分析方法。统计分析中需先对数据进行正态性检验。如果数据服从正态分布则继续进行统计分析，如果数据不符合正态分布则需进行非参数检验，如卡方检验、对数线性回归（loglinear）等。在 SPSS 软件中，多元回归分析使用配伍格式数据文件，因变量必须服从正态分布，故在分析之前首先对因变量 y 进行正态性检验，当其显著水平大于 0.05 时，方可进行回归分析。所有数据均在 CANOCO 4.5、SPSS 16.0 软件中完成。

三、建模与数据

（1）水质、水文数据。我们整理分析了北运河 2013 年平均监测数据，其中浮游植物生物量、浮游动物生物量来自"十二五"水体污染控制与治理科技重大专项"海河流域河流生态完整性影响机制与恢复途径研究"课题组同步监测数据。

AQUATOX 模型中北运河的主要水文、水质特征数据见表 4-1 和表 4-2。

表 4-1　北运河的主要水文特征数据

长度 /km	平均水深 /m	平均河宽 /m	面积 /m²	平均水量 /×10⁹m³	纬度 /（°）	平均光强 /（ly/d）	平均气温 /℃	蒸发量 /（in/a）
148	1.80	102	2.6×10⁷	0.12	39.70	335.50	11.60	37.30

表 4-2　北运河的主要水质特征数据

水质特征	pH	DO/（mg/L）	$Trans$/cm	COD_{Mn}/（mg/L）	BOD_5/（mg/L）	TN/（mg/L）
均值	8.81	5.80	42.62	45.10	22.01	16.77
范围	8.27～9.22	1.15～9.92	15.30～104.20	20.80～89.90	8.90～45.70	3.68～22.39

水质特征	NH_4^+/（mg/L）	TP/（mg/L）	PO_4^{3-}/（mg/L）
均值	9.51	2.14	0.092
范围	0.11～18.32	0.25～6.29	0.01～1.19

AQUATOX 模型中北运河生产者、消费者种类和主要参数见表 4-3 和表 4-4。

表 4-3　北运河生产者种类及主要参数

种类	浮游藻类			底栖藻类			大型水生植物
	硅藻	绿藻	蓝藻	硅藻	绿藻	蓝藻	狐尾藻
B_0	0.0022	0.037	0.0371	0.01	0.0056	0.003	0.78
L_S/（ly/d）	50	80	60	22.50	50	75	225
K_P/（mg/L）	0.6	0.13	0.03	0.20	0.03	0.05	0
K_N/（mg/L）	0.80	0.80	0.40	0.50	0.40	0.40	0
T_0/℃	20	26	24	20	25	30	27
P_m/d⁻¹	1.5	2.55	1.85	0.92	2.15	0.52	1.55
R_{resp}/d⁻¹	0.08	0.28	0.35	0.50	1.02	0.25	0.20
M_c/d⁻¹	0.005	0.02	0.01	0.60	1.20	0.09	0.08
L_c/m⁻¹	0.05	0.08	2.30	0.03	0.03	1.03	2.10
R_{sink}/（m/d）	0.16	0.14	0.01	-	-	-	-
W/D	5	5	5	5	5	5	5

表 4-3 中，B_0 为初始生物量，对于浮游藻类，其单位为 mg/L，对于附着藻类和大型植物，其单位为 g/m²；L_S 为光合作用时光饱和度；K_P 为磷半饱和常数；

K_N 为氮半饱和常数；T_0 为最适宜温度；P_m 为最大光合作用率；R_{resp} 为呼吸速率；M_c 为死亡系数；L_e 为消光系数；R_{sink} 为沉降率；W/D 为湿重与干重比值。

表 4-4 北运河消费者种类及主要参数

种类	浮游动物		底栖动物		鱼类
	轮虫	水蚤	颤蚓	摇蚊	鲤鱼
B_0	0.206	0.15	0.21	0.15	1.59
H_S	0.50	0.25	0.10	0.65	0.50
C_m/[g/(g·d)]	0.80	1.05	0.05	0.15	0.011
P_{min}/（mg/L）	0.20	0.10	0.01	0.2	0.25
T_0/℃	25	26	18	25	22
R_{resp}/d^{-1}	0.32	0.24	0.25	0.25	0.003
C_c	0.125	1	10	25	1.20
M_c/d^{-1}	0.20	0.02	0.03	0.001	0.15
L_f	0.016	0.02	0.05	0.05	0.10
W/D	5	5	5	5	5

表 4-4 中，B_0 为初始生物量，对于浮游动物和鱼类，其单位为 mg/L，对于底栖动物，其单位为 g/m^2；H_S 为半饱和喂养，对于浮游动物和鱼类，其单位为 mg/L，对于底栖动物，其单位为 g/m^2；C_m 为最大消耗率；P_{min} 为捕食喂养；T_0 为最适宜温度；R_{resp} 为内呼吸速率；C_c 为承载能力，对于浮游动物和鱼类，其单位为 mg/L，对于底栖动物，其单位为 g/m^2；M_c 为死亡系数；L_f 为初始脂质比例；W/D 为湿重与干重比值。

（2）生物量验证。初级生产力高低主要由初级生产者数量多少、生物量大小来决定（汪益嫔等，2011），且生物量比较容易测定。因此，模型的校正采用生物群落生物量模拟值与实测值进行。用 AQUATOX 模型模拟得的北运河典型生物群落生物量模拟值（图中实线）与实测值（图中圆点）的比较如图 4-1 所示。从中可以看出，生物量模拟值能较好地反映实测值时间变化规律，两者结果吻合良好，AQUATOX 河流模型能够较为合理的模拟北运河 6 种优势群落的生物量年内变化趋势。校正模型的一致修正指数 d_1 和有效修正系数 E_1 见表 4-5。结果表明，一致修正指数 d_1 范围为 0.65～0.83，有效修正系数 E_1 范围为 0.50～0.71，这证明模拟拟合很好，模型预测值与实测值分布趋势相同。同时，模型模拟均方根误差（RMSE）和平均绝对误差（MAE）很小。因此，我们判断模型校正充分，预测结果合理可信。

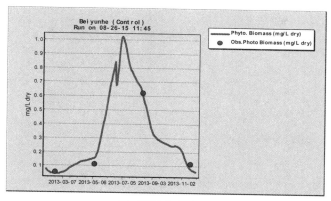

（a）浮游藻类生物量

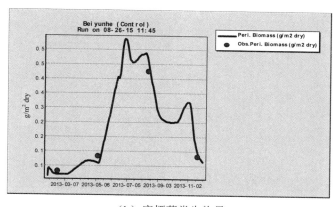

（b）底栖藻类生物量

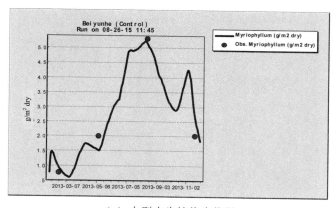

（c）大型水生植物生物量

图 4-1　北运河典型生物群落生物量模拟值与实测值的比较

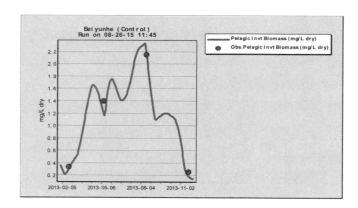

（d）浮游动物生物量

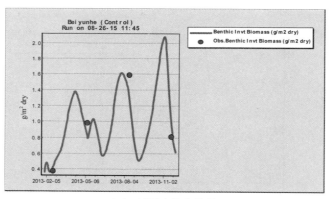

（e）底栖动物生物量

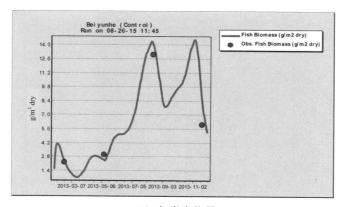

（f）鱼类生物量

图 4-1　北运河典型生物群落生物量模拟值与实测值的比较（续图）

表 4-5　模型验证拟合优度指数

群落	d_1	E_1	RMSE	MAE
浮游藻类	0.83	0.71	0.07	0.06
底栖藻类	0.74	0.61	0.031	0.023
大型水生植物	0.71	0.58	0.046	0.032
浮游动物	0.72	0.55	0.049	0.037
底栖动物	0.65	0.50	0.092	0.064
鱼类	0.70	0.51	0.033	0.015

四、结果与讨论

（1）北运河 GPP、R_{24} 和 P_n 时间变化。采用校正后 AQUATOX 模型模拟北运河初级生产力和群落呼吸速率，并将值导出，计算生态系统净生产力，结果见图 4-2。可以看出，北运河初级生产力为 $0.034\sim8.273\mathrm{g}\cdot\mathrm{O}_2\cdot\mathrm{m}^{-2}\cdot\mathrm{d}^{-1}$，平均值为 $1.81\mathrm{g}\cdot\mathrm{O}_2\cdot\mathrm{m}^{-2}\cdot\mathrm{d}^{-1}$，并且呈现显著的季节变化特征。其中夏季初级生产力最高，其次为秋季，春季最低。这与珠江口水域初级生产力季节变化一致（蒋万祥等，2010）。北运河初级生产力高于澳大利亚 Johnstone River 河流、美国 Fort Benning 地区河流和湖北荆州段长江初级生产力，与香溪河初级生产力相当，低于澳大利亚 Lachlan Rivers 初级生产力（表 4-6）。

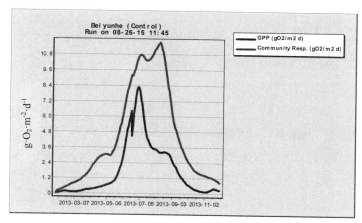

（a）初级生产力和群落呼吸速率

图 4-2　北运河初级生产力、群落呼吸速率和净生产力

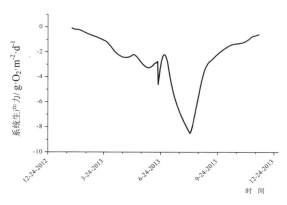

（b）系统净生产力

图 4-2 北运河初级生产力、群落呼吸速率和净生产力（续图）

表 4-6 不同地区河流初级生产力、群落呼吸速率和净生产力

	地区	GPP （mg·O_2·m^{-2}·d^{-1}）	R_{24} （mg·O_2·m^{-2}·d^{-1}）	P_n （mg·O_2·m^{-2}·d^{-1}）
Johnstone 河流	澳大利亚	240～533	453～1013	—
Fort Benning 河流	美国	56～939	881～11020	−168～92
Lachlan 河流	澳大利亚	236.8～25952	96～16102	—
北运河	中国北京	340～8273	114～11728	—
长江水域	中国湖北 荆州段	540～3530	—	—
香溪河	中国湖北	3060±3180	1490±1750	1580±1970

北运河群落呼吸速率为 0.114～11.728g·O_2·m^{-2}·d^{-1}，平均值为 4.22g·O_2·m^{-2}·d^{-1}，并且呈现与初级生产力相似的季节特征，即夏季>秋季>春季。与国内香溪河和澳大利亚 Johnstone 河流相比，北运河呼吸速率明显偏高，但与美国 Fort Benning 河流呼吸速率接近，其最高值低于澳大利亚 Lachlan 河流呼吸速率。

北运河净生产力均值为−6.906g·O_2·m^{-2}·d^{-1}，范围−8.492～−0.079g·O_2·m^{-2}·d^{-1}。其季节特征与初级生产力和群落呼吸速率有所不同，夏季最低，秋季居中，春季最高。很显然，北运河初级生产力小于群落呼吸速率，即系统净生产力小于零，水体处于异养状态。这与 Odum 提出的结论一致，即污水带的呼吸作用远超过初级生产力（Odum，1956）。北运河是北京市一条主要的排水河道。北运河主要支流通惠河上游流经北京市中心区及高碑店污水处理厂等重要生活污水排放源，凉水河上游流经亦庄国家级工业区等重要工业污染源。北运河通州区段是北京市重要的居民生活区和工业区，区内有东方化工厂、北京造纸七厂等多家大型企业，以及京通工业开发区等多个新兴工业园区，这些工业企业和工业园区大多沿北运河等河流分布，并且与居民生活区交织在一起，造成多种污染源共同排放。这些污染物的大量排入，使北运河有机污染严重，同时，微生物降解有机污染物消耗大量氧气，呼吸作用大大提高。

（2）北运河 GPP、R_{24} 和 P_n 主要环境因子量化辨析。北运河初级生产力、群落呼吸速率和净生产力受多种因素的调控，其中主要有温度、光强、透明度、营养盐、流速、水量、消费者捕食等作用。为明确生产力各指标（系统初级生产力 GPP、群落呼吸速率 R_{24} 和净生产力 P_n）与环境指标相关性，将修正后 AQUATOX 模型模拟值导出，采用 Pearson 相关性分析对北运河生产力指标与环境因素指标的相关性进行分析，这些分析均在 SPSS 16.0 软件中进行。本研究将环境指标分为物理指标、化学指标和生物指标。物理指标主要有温度（T）、光强（$Light$）、风速（WV）、水量（Vol）和透明度（$Trans$）；化学指标主要有氨氮（NH_4^+）、总氮（TN）、总磷（TP）、溶解氧（DO）、pH、总有机碳（TOC）；生物指标主要有生产者生物量和消费者生物量。生产者生物量主要包括浮游蓝藻（$PhoB$）、浮游绿藻（$PhoG$）、浮游硅藻（$PhoD$）、底栖蓝藻（$PeriB$）、底栖绿藻（$PeriG$）和底栖硅藻生物量（$PeriD$）和大型水生植物（$Myriophyllum$）。消费者生物量主要包括水蚤（$Cladoceran$）和轮虫（$Rotifer$）浮游动物生物量，摇蚊（$Chironomid$）和颤蚓（$Tubifex$）底栖动物生物量。具体分析结果见表 4-7。

表 4-7　北运河 GPP、R_{24}、P_n 与环境指标 Pearson 相关性分析

指标	GPP		R_{24}		P_n	
	r	p	r	p	R	p
pH	−0.391	0.000	−0.270	0.000	0.322	0.000
T/℃	0.775[1]	0.000	0.882[1]	0.000	−0.794[1]	0.000
$Light$/（ly/d）	0.682[1]	0.000	0.777[1]	0.000	−0.700[1]	0.000
NH_4^+/（mg/L）	−0.647[1]	0.000	−0.711[1]	0.000	0.617[1]	0.000
TN/（mg/L）	−0.637[1]	0.000	−0.727[1]	0.000	0.656[1]	0.000
TP/（mg/L）	0.470[2]	0.000	0.611[1]	0.000	−0.618[1]	0.000
TOC/（mg/L）	−0.169	0.003	−0.051	0.376	−0.080	0.164

指标	GPP		R_{24}		P_n	
	r	p	r	p	R	p
Trans/m	0.615[1]	0.000	0.781[1]	0.000	0.776[1]	0.000
DO/（mg/L）	−0.557[1]	0.000	−0.700[1]	0.000	0.690[1]	0.000
Vol/m³	−0.865[1]	0.000	0.938[1]	0.000	−0.803[1]	0.000
WV/（m/s）	−0.027	0.638	−0.048	0.402	0.059	0.305
PhoB/（mg/L）	0.617[1]	0.000	0.788[1]	0.000	−0.787[1]	0.000
PhoG/（mg/L）	0.955[1]	0.000	0.823[1]	0.000	−0.505[2]	0.000
PhoD/（mg/L）	0.878[1]	0.000	0.968[1]	0.000	−0.844[1]	0.000
PeriB/（g/m²）	0.634[1]	0.000	0.854[1]	0.000	−0.887[1]	0.000
PeriG/（g/m²）	0.902[1]	0.000	0.784[1]	0.000	−0.490[2]	0.000
PeriD（g/m²）	0.903[1]	0.000	0.879[1]	0.000	−0.658[1]	0.000
Myriophyllum（g/m²）	0.653[1]	0.000	0.794[1]	0.000	−0.760[1]	0.000
Rotifer/（mg/L）	0.548[1]	0.000	0.745[1]	0.000	−0.779[1]	0.000
Cladoceran/（mg/L）	0.572[1]	0.000	0.796[1]	0.000	−0.846[1]	0.000
Chironomid/（g/m²）	−0.127	0.027	−0.040	0.489	−0.057	0.321
Tubifex/（g/m²）	−0.017	0.767	0.177	0.002	−0.335	0.000
Carp/（g/m²）	0.227	0.000	0.430[2]	0.000	−0.539[1]	0.000

注：① Correlation is significant at the 0.01 level(2-tailed).
② Correlation is significant at the 0.05 level(2-tailed).

由表 4-7 可以看出，物理指标中温度、光强、水量、透明度与生产力各指标显著相关（$p<0.01$），其中温度、光强、透明度与初级生产力和群落呼吸速率显示正相关，说明温度的增高、光线的增强和透明度增加对提高初级生产力和群落呼吸速率有正向作用。水量与初级生产力呈正相关，与群落呼吸速率呈负相关。化学指标中氨氮、总氮、总磷和溶解氧与生产力各指标显著相关（$p<0.01$），其中氨氮、总氮与初级生产力和群落呼吸速率呈负相关。北运河水体氨氮、总氮含量高于我国《地表水环境质量标准》（GB3838－2002）V 类标准的 2.12～9.79 倍（高彩凤，2012）。根据 Guasch 等（1995）对地中海河流的研究，初级生产力和呼吸速率随着营养物质的增加而增加，但过高的氨氮、总氮浓度反而会抑制系统初级生产力和群落呼吸速率。pH、*TOC* 和 *WV* 没有显示明显的相关性。生产者生物量

均显示与生产力指标显著相关（$p<0.01$），即生产者生物量大小能反映初级生产力的高低和呼吸速率的大小，这与汪益嫔等（2011）的研究结论一致。浮游植物、底栖藻类生物量均与初级生产力、群落呼吸速率呈正相关，与净生产力呈负相关。其中浮游植物生物量与各生产力指标的相关系数稍高于底栖藻类与生产力指标的相关系数。消费者生物量中浮游动物水蚤和轮虫（*Rotifer*）生物量与初级生产力和群落呼吸速率显著正相关，与系统净生产力呈负相关（$p<0.01$）。由图 4-2 可以看出，浮游植物、底栖藻类生物量最高值出现在夏季 7—8 月，而浮游动物生物量最高值出现在 8 月初至中旬左右，其生物量变化趋势与浮游植物、底栖藻类相似，但存在一定滞后效应。浮游动物大量增殖，亦会增加群落呼吸作用。此外，鱼类生物量与群落呼吸速率显示重要正相关，与净生产力显著负相关。底栖动物生物量与生产力各指标没有显示明显的相关性。

为了避免定性描述的片面性，应用多元回归分析，进一步探讨生产力指标对北运河环境因子变化的响应。分析中需先对因变量 y 进行正态性检验，Kolmogor-ov-Smirnov Test 输出结果也显示因变量 y 服从正态分布。应用逐步多元回归分析方法，以选定的参数分别对 11 个环境指标进行逐步多元回归，依据决定系数、F 检验和 t 检验及共线性分析选出最优回归方程（表 4-8）。其中北运河参数为 $pH(X_1)$，$T(X_2)$，$Light(X_3)$，$NH_4^+(X_4)$，$TN(X_5)$，$TP(X_6)$，$TOC(X_7)$，$Trans(X_8)$，$DO(X_9)$，$Vol(X_{10})$，$WV(X_{11})$。在经过逐步多元回归得到的 3 个回归模型中，生产力指标的可信度都达到了 95%以上，经 F 检验，因变量和自变量相关性达到显著水平。由表 4-8 可知，北运河不同环境因子对 GPP、R_{24} 和 P_n 贡献各不相同。T、$Light$、TN、TP、DO 和 Vol 对北运河初级生产力的贡献较大，拟合方程的决定系数为 0.837。T、$Light$、TN、TP、$Trans$、DO、Vol 和 WV 对北运河群落呼吸速率贡献较大，拟合方程的决定系数为 0.989。TN、TOC、$Trans$、DO 和 Vol 对生态系统净生产力贡献较大，拟合方程的决定系数为 0.835。由式（4-1）计算剩余因子，其剩余因子分别为 0.404、0.105 和 0.406。很显然，北运河初级生产力和净生产力对应的 e 值较大，说明对其有影响的自变量不仅有以上 11 个方面，还有一些影响因素没有考虑到。对北运河 GPP 和 P_n 影响因素的全面分析有待于进一步研究。

$$e = \sqrt{1 - R^2}$$

（4-1）

式中，e 为剩余因子，R^2 为决定系数。

表 4-8 北运河 GPP、R_{24} 和 P_n 回归模型

指标	回归方程	R^2	e	P
GPP	$Y=1.613+0.382\,X_2-0.011\,X_3+0.197X_5-3.975X_6+$ $0.248X_9+3.185\times10^{-8}\,X_{10}$	0.837	0.404	<0.001
R_{24}	$Y=3.159+0.221\,X_2+0.035\,X_3+1.128\,X_5-5.139\,X_6-$ $1.487X_8-0.227X_9+5.225\times10^{-8}X_{10}-3.440\,X_{11}$	0.989	0.105	<0.001
P_n	$Y=-3.571-0.188X_5-0.91\,X_7+1.528\,X_8+0.346X_9-$ $4.261\times10^{-8}\,X_{10}$	0.835	0.406	<0.001

逐步多元回归分析能较好地反映生产力指标与各环境因子之间的相关性，却不能充分反映出各环境因子之间的复杂关系。事实上，由于受到多种环境因子的影响，环境因子之间的相互作用会对 GPP、R_{24} 和 P_n 产生不同的效应，因此，本研究采用通径系数分析进一步明确环境因子对 GPP、R_{24} 和 P_n 的影响，其结果见表 4-9～表 4-11。这几个表中可以看出，北运河环境因子对于 GPP 直接影响作用的顺序为：$T>TP>Vol>Light>DO>TN$，DO 对于初级生产力的间接作用最大，其通过 T 和 TP 对初级生产力产生了较大正值的间接作用。环境因子对于 R_{24} 直接影响作用的顺序为：$Light>TN>WV>T>TP>Vol>Trans>DO$，$TN$ 对于群落呼吸速率的间接作用最大，其通过 $Light$ 和 Vol 对群落呼吸速率产生了较大负值的间接作用。环境因子对于 P_n 直接影响作用的顺序为：$Vol>Trans>DO>TN>TOC$，TN 对于系统净生产力的间接作用最大，其通过 $Trans$ 和 Vol 对 P_n 产生了较大正值的间接作用。总之，温度、光强、营养盐、透明度和水量是影响系统 GPP 和 R_{24} 的主要环境因子。通径系数分析揭示了环境因子之间复杂的相互关系对于系统生产力指标的响应，一些环境因子（如 pH、TOC 等）也许本身对于生产力指标的直接影响并不突出，但由于这些环境因子具有十分复杂的相互作用关系，因此可以通过影响其他环境因子对生产力指标产生复杂的间接作用，而这些间接作用可能会大大超出其自身对于生产力指标的直接影响，从而改变生产力指标与其的相关性。

表 4-9 北运河初级生产力与环境因子通径系数分析

GPP	直接通径系数	间接通径系数						
		X_2	X_3	X_5	X_6	X_9	X_{10}	总计
X_2	0.579		−0.373	−0.104	−0.487	−0.180	0.341	−0.803
X_3	−0.409	0.529		−0.081	−0.457	−0.121	0.308	0.178
X_5	0.173	−0.349	0.191		0.196	0.104	0.351	0.493

续表

GPP	直接通径系数	间接通径系数							
		X_2	X_3	X_5	X_6		X_9	X_{10}	总计
X_6	-0.555	0.508	-0.336	-0.061			-0.168	0.204	0.147
X_9	0.223	0.447	0.222	0.081	0.419			-0.228	0.941
X_{10}	0.441	0.467	-0.286	-0.138	-0.257	-0.115			-0.329

表 4-10　北运河群落呼吸速率与环境因子通径系数分析

R_{24}	直接通径系数	间接通径系数								
		X_2	X_3	X_5	X_6	X_8	X_9	X_{10}	X_{11}	总计
X_2	0.517		0.681	-0.339	-0.369	0.106	0.093	0.317	-0.125	0.364
X_3	0.746	0.472		-0.262	-0.346	0.095	0.062	0.286	-0.277	0.03
X_5	0.563	-0.311	-0.348		0.148	-0.132	-0.054	-0.327	0.267	-0.757
X_6	-0.420	0.454	0.614	-0.199		0.075	0.087	0.190	-0.191	1.03
X_8	-0.163	-0.337	-0.433	0.455	0.194		-0.057	-0.297	0.106	-0.369
X_9	-0.115	-0.417	-0.405	0.263	0.317	-0.081		-0.212	-0.051	-0.586
X_{10}	0.410	0.400	0.521	-0.449	-0.194	0.118	0.059		0.074	0.529
X_{11}	-0.556	0.115	0.372	0.271	-0.144	-0.042	-0.011	-0.054		0.507

表 4-11　北运河净生产力与环境因子通径系数分析

P_n	直接通径系数	间接通径系数					
		X_5	X_7	X_8	X_9	X_{10}	总计
X_5	-0.168		-0.044	0.255	0.140	0.478	0.829
X_7	-0.161	-0.046		-0.043	0.009	0.157	0.077
X_8	0.315	-0.136	0.022		0.148	0.434	0.468
X_9	0.299	-0.078	-0.005	0.156		0.310	0.383
X_{10}	-0.600	0.134	0.042	-0.228	-0.155		-0.207

（3）北运河 GPP 和 R_{24} 的构成。

1）北运河 GPP 的构成。浮游藻类、附着藻类和大型水生植物均为初级生产者的重要组成部分，它们均处于食物链的始端，是水生态系统有机物质生产的主要贡献者。北运河水深较浅，且由于大量闸坝的修建，流速较缓。除浮游植物外，底栖藻类和大型水生植物对系统初级生产力也有一定贡献，但这三类生产者对初级生产力的贡献不同。为了进一步明确各生产者对北运河初级生产力的贡献，本研究采用通径系数分析明确各种群对初级生产力的作用。初级生产力为因变量 y，自变量分别为 $PhoB(X_{12})$，$PhoG(X_{13})$，$PhoD(X_{14})$，$PeriB(X_{15})$，$PeriG(X_{16})$，$PeriD(X_{17})$ 和 $Myriophyllum(X_{18})$。通过逐步多元回归分析，经 F 检验和 t 检验，因变量和自变量相关性达到显著水平。依据通径系数和相关系数，得到北运河初级生产力和各生产者生物量通径图如图 4-3 所示。北运河初级生产力与生产者生物量通径系数分析见表 4-12。

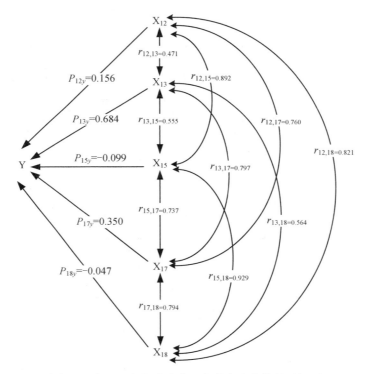

图 4-3　北运河初级生产力和各生产者生物量通径图

可以看出，水生植物群落对初级生产力直接贡献的顺序为 *PhoG >PeriD> PhoB> PeriB >Myriophyllum*。浮游绿藻对初级生产力的直接作用最大，直接通径系数为 0.684。根据各种群对初级生产力直接作用排序，可以得出，*PhoG +PhoB > PeriD+PeriB >Myriophyllum*。北运河浮游植物优势种群为耐污种蓝藻和绿藻，通径系数分析亦表明，浮游植物对系统初级生产力的直接作用贡献最大，底栖藻类次之，大型水生植物贡献最小。但底栖蓝藻对初级生产力的间接作用贡献最大，大型水生植物次之,其均通过浮游绿藻对初级生产力产生了较大正值的间接作用。因此,在北运河水体中,浮游植物是初级生产力的主要贡献者。

表 4-12　北运河初级生产力与生产者生物量通径系数分析

GPP	直接通径系数	间接通径系数					
		X_{12}	X_{13}	X_{15}	X_{17}	X_{18}	总计
X_{12}	0.156		0.322	-0.088	0.266	-0.038	0.462
X_{13}	0.684	0.073		-0.055	0.279	-0.026	0.271
X_{15}	-0.099	0.139	0.380		0.258	-0.044	0.733
X_{17}	0.350	0.118	0.545	-0.073		-0.037	0.553
X_{18}	-0.047	0.128	0.386	-0.092	0.278		0.700

2)北运河 R_{24} 的构成。群落呼吸速率主要由以下几部分组成:生产者的内呼吸作用,消费者的呼吸作用及分解有机物细菌的异养呼吸作用。浮游生物群体通过呼吸作用消耗有机碳获得能量。因此,了解不同群落对于系统呼吸速率的相对贡献,可揭示水生态系统的功能过程,为合理利用河流水资源提供理论基础。为定量分析各生物群落对呼吸速率的影响,本研究采用通径系数分析进一步明确生产者、消费者及有机碎屑对呼吸速率的作用。以群落呼吸速率为因变量,生产者中浮游植物生物量(Photobiomass)、底栖藻类生物量(Peribiomass)、大型水生植物生物量(Largplant biomass),消费者中浮游动物生物量(Pelagicbiomass)、底栖动物生物量(Benthicbiomass)和鱼类生物量(Fishbiomass)及有机碎屑(CBOD5)为自变量进行逐步多元回归分析。自变量分别为 Photobiomass (X_1),Peribiomass (X_2),Largplant biomass (X_3),Pelagicbiomass (X_4),Benthicbiomass (X_5),Fishbiomass(X_6)和 CBOD5 (X_7)。经 F 检验和 t 检验,因变量和自变量相关性达到显著水平。依据通径系数和相关系数,北运河群落呼吸速率与生产者、消费者、有机碎屑通径系数分析见表 4-13。

表 4-13　北运河群落呼吸速率与生产者、消费者、有机碎屑通径系数分析

R_{24}	直接通径系数	间接通径系数					
		X_1	X_3	X_4	X_5	X_7	总计
X_1	0.451		0.284	0.267	-0.054	-0.006	0.491
X_3	0.373	0.343		0.215	-0.159	0.021	0.42
X_4	0.372	0.323	0.216		-0.135	0.028	0.432

R_{24}	直接通径系数	间接通径系数					
		X_1	X_3	X_4	X_5	X_7	总计
X_5	−0.379	0.064	0.156	0.133		0.154	0.507
X_7	0.183	−0.014	0.043	0.056	−0.319		−0.234

由表 4-13 可知，北运河浮游植物对群落呼吸速率的直接作用最大，其直接通径系数为 0.451，其次分别为底栖无脊椎动物、大型水生植物和浮游动物，其与群落呼吸速率的直接通径系数分别为 -0.379、0.373 和 0.372。有机碎屑对群落呼吸速率的直接作用较小，其通径系数为 0.183。底栖无脊椎动物对群落呼吸速率的间接作用最大，其次为浮游植物，有机碎屑的间接作用依然最小。由此可以推断，北运河营养盐含量较高，浮游藻类大量增殖，其生物量的增加也使得其呼吸速率增加，从而使得浮游藻类对群落呼吸速率的贡献增加（钱奎梅等，2012）。同时，有机污染使底栖无脊椎动物耐污物种如摇蚊、颤蚓大量增殖，使其在系统呼吸作用中所占比例提高。在调查时我们发现，北运河底栖无脊椎动物虾蟹几乎绝迹，鱼类品种比较单一且数量较少，这些种群的呼吸速率在群落呼吸速率中所占比例很小。

五、小结

本章基于构建的 AQUATOX 模型，经验证后应用于北运河。研究表明，北运河初级生产力、群落呼吸速率和净生产力呈现显著季节变化。北运河初级生产力和群落呼吸速率分别为 0.034～8.273 $g \cdot O^{-2} \cdot d^{-1}$ 和 0.114～11.728 $g \cdot O^{-2} \cdot d^{-1}$，两者均为夏季最高，秋季次之，春季最低。北运河净生产力范围为 -8.492～-0.079 $g \cdot O^{-2} \cdot d^{-1}$，其季节特征与初级生产力和群落呼吸速率有所不同，夏季最低，秋季居中，春季最高。另外，系统净生产力小于零，水体处于异养状态，水体污染是造成异养状态的主要原因。

逐步多元回归分析和通径系数分析表明，温度、光强、营养盐、透明度和水量是影响北运河 GPP 和 R_{24} 的主要环境因子。北运河环境因子对于 GPP 直接影响作用的顺序为：T> TP >Vol> Light> DO>TN，对于 R_{24} 直接影响作用的顺序为：Light > TN > WV>T>TP>Vol>Trans>DO，对于 P_n 直接影响作用的顺序为：Vol> Trans >DO>TN> TOC。通径系数分析进一步表明，浮游植物对北运河初级生产力的直接作用贡献最大，底栖藻类次之，大型水生植物贡献最小；浮游植物对北运河群落呼吸速率的直接作用最大，其直接通径系数为 0.451，其次分别为底栖无脊椎动物、大型水生植物和浮游动物，其与群落呼吸速率的直接通径系数分别为-0.379、0.373 和 0.372。

参考文献

[1] 奚旦立，孙裕生. 环境监测[M]，北京：高等教育出版社. 2010.

[2] 陈伟明，黄翔飞，周万平，等. 湖泊生态系统观测方法[M]. 北京：中国环境科学出版社，2005:17-37.

[3] Tlili A. Responses of chronically contaminated biofilms to short pulses of diuron: An experimental study simulating flooding events in a small river[J]. Aquatic Toxicology, 2008, 87(4): 252-263.

[4] 汪益嫔，张维砚，徐春燕，等. 淀山湖浮游植物初级生产力及其影响因子[J]. 环境科学，2011, 32(5): 1249-1256.

[5] 蒋万祥，赖子尼，庞世勋，等. 珠江口叶绿素 a 时空分布及初级生产力[J]. 生态与农村环境学报，2010, 26 (2): 132-136.

[6] Odum H T. Primary production in flowing waters[J]. Limnology Oceanography, 1956, 1(2):102-117.

[7] 高彩凤. 北运河水系水生态调查及水质评价[D]. 河南师范大学硕士学位论文，2012.

[8] Guasch H, Martĺ E, Sabater S. Nutrient enrichment effects on biofilm metabolism in a Mediterranean stream[J]. Freshwater Biology, 1995, 33(3): 373-383.

[9] 钱奎梅，陈宇炜. 太湖浮游生物群体分尺度呼吸率初步研究[J]. 湖泊科学. 2012, 24(2): 294-298.

第五章　AQUATOX 模型应用——湖泊

　　白洋淀是海河流域最大的湖泊，是较为封闭的水生态系统。白洋淀拥有广泛的食物链和丰富的生物多样性。其水生态系统的生产者主要是浮游植物、底栖藻类和大型水生植物，浮游植物主要种类为硅藻、绿藻、蓝藻等；底栖藻类主要种群为蓝藻、绿藻和硅藻；大型水生植物主要种类为浮萍、狐尾藻、金鱼藻、芦苇等。消费者有浮游动物、大型底栖动物和鱼类等。浮游动物主要为原生动物、轮虫、枝角类和桡足类；大型底栖动物为蚌类、虾、蟹等；鱼类主要为鲢鱼和鲤鱼。消费者以有机碎屑表示。本章基于构建的 AQUATOX 模型，经过校正后模拟白洋淀结构和功能特征随时间变化，并与传统密闭小室测定结果相对照，量化辨析影响白洋淀生态特征的主要环境因子。

一、研究区概况

　　白洋淀是海河流域最大的湖泊，位于河北省中部，地处北纬 38°43′~39°02′，东经 115°38′~116°07′，由白洋淀、藻苲淀、马棚淀、腰葫芦淀等 143 个大小不等的淀泊组成，总面积 366km²，平均蓄水量 13.2×10⁸m³，年均气温 7.3~12.8℃，每年日照时间 2638.3h，年均降水量 524.9mm，平均水深 2~4m。具有芦苇、白花菜等丰富的植物资源和鱼虾、鸟类等丰富动物资源，是我国北方典型的湖泊和草本沼泽型湿地，对维护湿地生态系统平衡、调节当地气候、补充地下水及保护生物多样性等方面发挥着重要作用。

　　白洋淀从北、西、南三面接纳漕河、府河、唐河、潴龙河等河流，各河流经白洋淀蓄调后由枣林庄枢纽控制下泄经东淀或独流减河入海。但自 20 世纪 80 年代以来，受上游河道径流量拦截、淀区地下水过度开采等因素影响，入淀水量锐减，上游入淀的河流除了府河常年有水以外，其他河流均季节性断流。特别是进入 21 世纪后，由于气候、降水，以及流域水资源开发利用等多种因素的综合作用和影响，干淀频繁。白洋淀流域的总面积不断减少，从 1974 至 2007 年，白洋淀湿地面积从 249.4km² 下降到 182.6km²（庄长伟等，2011）。同时，随着经济的发展，白洋淀水体逐渐恶化，富营养化污染严重（刘丰等，2010）。水量减少和水质污染对区域生态安全和水环境安全构成了严重威胁。

二、研究内容与方法

（1）采样点。依据国控监测点，白洋淀湖泊设 8 个采样点（S1～S8），依次分别为入淀口、南刘庄、王家寨、烧车淀、枣林庄、圈头、采蒲台、端村。其中 S1、S2 位于白洋淀入淀口，受府河影响较大。S5 位于出淀口，水质较好，受外界干扰较小。相对于 S4 和 S7，S6 与 S8 周围居民较多，人类活动频繁。

基于我们以前的研究（Wang et al., 2010），将附着生物在活性炭纤维膜上原位培养 15 天，培养时间为 2009 年 8 月、11 月和 2010 年 4 月、6 月。

（2）水质监测。监测太多水质指标是不太实际的。依据保定市环保局监测数据，在 8 个采样点的监测结果显示，铜（Cu）、硒（Se）、锌（Zn）、砷（As）、铬（Cr）、氰化物（CN）和硫化物（S）的浓度基本保持恒定，且低于《地表水环境质量标准》（GB 3838－2002）二级标准。镉（Cd）和 铅（Pb）浓度低于《地表水环境质量标准》一级标准。

另外，多环芳烃（PAHs）（Hu et al., 2010; Guo et al., 2011）和有机氯农药（OCPs）（Dai et al., 2011）等有机物已有检出，但它们的浓度低于影响范围低值（ERL）。根据需要，本研究选取了水温（T）、pH、溶解氧（DO）、化学需氧量（COD_{Cr}）、生化需氧量（BOD）、氨氮（NH_4^+）、总氮（TN）、总磷（TP）、透明度（$Trans$）、粪大肠菌群（$Ecoli$）等水质指标。

其中，T、pH、$Trans$、NH_4^+ 和 DO 采用 YSI 多功能参数仪现场测定，其他水样每个采样点三份置于冰盒中运回实验室。BOD_5、COD_{cr}、TN、TP 和 $Ecoli$ 依据环境监测（奚旦立，2010）。除总氮、总磷指标为自测外，BOD_5、COD_{cr}、Oil、LAS 和 $Ecoli$ 水质数据来自保定环保局。由于附着生物培养需要一定时间，对于培养时间跨月的季节，水质指标确定为放置月和收取月的均值。

（3）样品采集及测定。

1）浮游动、植物和大型水生植物。浮游植物、浮游动物、大型水生植物采集方法详见第四章第二部分研究内容与方法。根据《湖泊生态系统观测方法》中的测定方法确定浮游藻类、浮游动物生物量，及大型水生植物生物量（陈伟明等，2005）。

2）底栖藻类。本研究以活性炭纤维（江苏同康活性炭纤维面料有限公司，表面积 $1500m^2 \cdot g^{-1}$，长宽 2cm×10cm）材料作为人工基质进行底栖生物培养。选择开阔水面设置 3 个样点，每个样点距离约 10m，将基质通过采样装置垂直水面悬挂放入水下 20cm 处，每个样点各 6 片基质，连续培养 15 天。用塑料刀刮取底栖生物并用去离子水清洗干净，样品用 0.2μm 滤膜过滤后，采用采样点水悬浮，采集样品平均分为 4 份，其中一份加入 5%甲醛固定用于观察藻类组成，其余样品用冰盒保存带回实验室进行检测。底栖藻类生物量测定参见第四章第二部分研究内容与方法中底栖藻类生物量。

3）底栖动物和鱼类。底栖动物用彼得生采样器采集，每个采样点采集 3～4 次，以减少随机误差。具体采样方法与第四章第二部分研究内容与方法中底栖动物采集相同。鱼类样方的划定与大型水生植物相同，具体采集方法与第四章第二部分研究内容与方法中鱼类采集相同。

4）GPP 和 R_{24} 测定。浮游植物初级生产力和呼吸速率测定采用黑白瓶法。当带有样品的黑白瓶悬挂水中曝光时，黑瓶中的浮游植物由于得不到光照，黑瓶中的溶氧将会减少。与此同时，白瓶的浮游植物在光照条件下，光合作用与呼吸作用同时进行，白瓶中的溶氧量一般会明显增加。根据初始瓶、黑瓶、白瓶溶氧量，即可求得呼吸速率、总初级生产力。每个样点悬挂 2 组黑白瓶，选定 0.3m 为挂瓶深度，黑白瓶在水体中曝光 24h 后用碘量法测定瓶中溶解氧，具体采样、实验方法参照《水和废水监测分析方法》。

底栖藻类初级生产力和呼吸速率测定采用密闭小室法，通过密闭容器内溶解氧浓度变化来计算底栖生物代谢（Wetzel，2000）。将底栖生物样品置于密闭的玻璃瓶中，夜间溶解氧变化速率为呼吸速率，假定呼吸速率恒定，将呼吸速率乘以 24h 计算出日呼吸速率 R_{24}。总初级生产力（GPP）等于白天溶解氧产率加上夜间呼吸速率消耗的部分。净初级生产力（P_n）等于总初级生产力减去日呼吸速率。GPP、R_{24} 和 P_n 用单位时间、单位面积的溶解氧变化表示，即 $mg \cdot O_2 \cdot m^{-2} \cdot d^{-1}$。

浮游植物与底栖藻类初级生产力相加，即为湖泊总初级生产力；浮游植物与底栖藻类呼吸速率分别加和，即为湖泊呼吸速率。

三、建模与数据

整理课题组内已有资料,白洋淀的主要水文、水质特征数据见表 5-1、表 5-2。由于白洋淀是浅水湖泊且水力流速较慢,垂向混合比较均匀,因此将整个湖泊作为一个整体考虑,不进行分层模拟。AQUATOX 模型中白洋淀生产者、消费者的种类及主要特征参数见表 5-3 和表 5-4。

表 5-1   白洋淀的主要水文特征数据

水域面积/km²	最大长度/m	最大宽度/m	平均水深/m	最大水深/m	初始水量 /×10⁹m³	纬度 /°	平均光强 / (ly/d)	平均气温/℃	平均蒸发量/ (in/a)
154	39.50	28.50	1.60	3.10	0.30	38.50	357.50	12.70	53.80

表 5-2   白洋淀的主要水质特征数据

水质特征	pH	DO/ (mg/L)	$Trans$/cm	COD_{Mn}/ (mg/L)	BOD_5/ (mg/L)	TN/ (mg/L)	$NH_3\text{-}N$/ (mg/L)	TP/ (mg/L)	PO_4^{3-}/ (mg/L)
均值	8.08	6.97	93.13	8.51	6.12	2.91	3.52	0.19	0.092
范围	7.7~8.7	9.5~29.5	34~185	4.8~16.9	1.2~19.8	0.25~14.8	0.1~24.7	0.01~0.46	0.01~1.19

表 5-3   白洋淀生产者种类及主要特征参数

种类	浮游藻类			底栖藻类			大型水生植物	
	硅藻	绿藻	蓝藻	硅藻	绿藻	蓝藻	狐尾藻	浮萍
B_0	0.09	0.06	2.21	0.08	0.10	0.08	9.46	11.20
L_S/ (ly/d)	18	50	45	25	60	75	225	215
K_P/ (mg/L)	0.055	0.01	0.05	0.05	0.10	0.03	0	0.72
K_N/ (mg/L)	0.117	0.80	0.40	0.02	0.80	0.40	0	0.45
T_0/℃	15	26	25	20	25	30	30	22
P_m/d⁻¹	1.17	1.60	1.26	3.46	3.15	2.40	1.80	1.71
R_{resp}/d⁻¹	0.10	0.01	0.02	0.015	0.023	0.24	0.048	0.128
M_c/d⁻¹	0.001	0.05	0.05	0.001	0.008	0.001	0.09	0.15
L_e/m⁻¹	0.14	0.24	0.099	0.14	0.05	0.15	0.05	0.50
R_{sink}/ (m/d)	0.16	0.14	0.01	—	—	—	—	—
W/D	5	5	5	5	5	5	5	5

表 5-3 中，B_0 为初始生物量，表征浮游藻类时单位为 mg/L，表征底栖藻类和大型植物时单位为 g/m^2；L_S 为光合作用时光饱和度；K_P 为磷半饱和常数；K_N 为氮半饱和常数；T_0 为最适宜温度；P_m 为最大光合作用率；R_{resp} 为呼吸速率；M_c 为死亡系数；L_e 为消光系数；R_{sink} 为沉降率；W/D 为湿重与干重比值。

表 5-4　白洋淀消费者种类及主要特征参数

种类	浮游动物		底栖昆虫	底栖无脊椎动物			鱼类	
	轮虫	水蚤	摇蚊幼虫	蚌类	虾	蟹	鲤鱼	鲶鱼
B_0	0.05	0.29	0.14	2.02	0.06	0.048	5.96	1.81
H_S	25	50	60	65	70	45	235	55
C_m/（g/g.d）	1.90	1.10	0.60	0.40	0.177	0.60	0.0086	0.0495
P_{min}/（mg/L）	0.10	0.01	0.20	0.01	0.05	0.01	0.03	0.60
T_0/℃	25	26	25	22	28	34	22	25
R_{resp}/d^{-1}	0.05	0.05	0.085	0.065	0.03	0.15	0.0026	0.0062
C_c	0.10	0.05	0.004	0.01	20	10	0.015	0.01
M_c/d^{-1}	0.25	0.001	0.15	0.15	0.002	0.0085	0.15	0.12
L_f	0.016	0.05	0.05	0.01	0.05	0.05	0.10	0.10
W/D	5	5	5	5	5	5	5	5

表中，B_0 为初始生物量，表征浮游动物和鱼类时单位为 mg/L，表征底栖动物时单位为 g/m^2；H_S 为半饱和喂养，表征浮游动物和鱼类时单位为 mg/L，表征底栖动物时单位为 g/m^2；C_m 为最大消耗率；P_{min} 为捕食喂养；T_0 为最适宜温度；R_{resp} 为内呼吸速率；C_c 为承载能力，表征浮游动物和鱼类时单位为 mg/L，表征底栖动物时单位为 g/m^2；M_c 为死亡系数；L_f 为初始脂质比例；W/D 为湿重与干重比值。

四、结果与讨论

（1）模型校正与验证。用 AQUATOX 模拟得出的白洋淀典型生物群落生物量模拟值（图中实线）与实测值（图中圆点）的比较如图 5-1 所示。

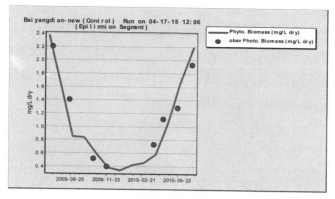

（a）浮游藻类生物量

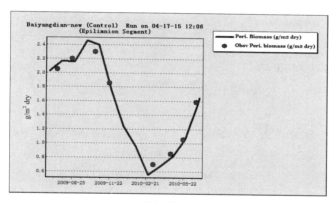

（b）底栖藻类生物量

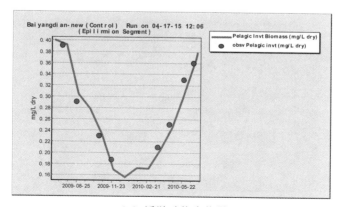

（c）浮游动物生物量

图 5-1　白洋淀典型生物群落生物量模拟值与实测值的比较

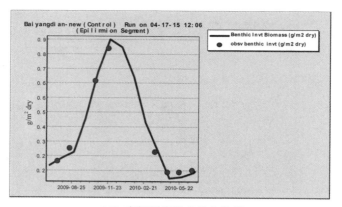

（d）底栖无脊椎动物生物量

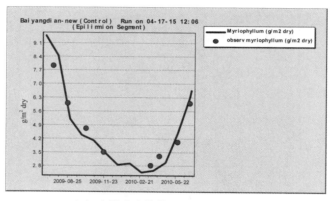

（e）大型水生植物——狐尾藻生物量

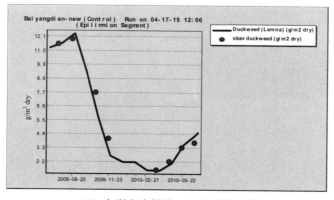

（f）大型水生植物——浮萍生物量

图 5-1　白洋淀典型生物群落生物量模拟值与实测值的比较（续图）

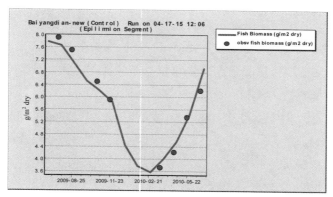

（g）鱼类生物量

图 5-1   白洋淀典型生物群落生物量模拟值与实测值的比较（续图）

从图 5-1 可以看出，模型模拟的结果与实测结果吻合较好，AQUATOX 模型能够较为合理地模拟白洋淀优势种群的生物量年内变化趋势，基于食物网，能够较为合理地模拟白洋淀水生态系统生产力。模型校正一致修正指数 d_1 和有效修正系数 E_1 见表 5-5。可以看出，d_1 范围为 0.67～0.86，E_1 范围为 0.51～0.70，证明模拟拟合很好，模拟值与实测值分布趋势相同。同时，模型模拟均方根误差（RMSE）和平均绝对误差（MAE）很小。因此，我们判断模型校正充分，预测结果合理可信。

表 5-5   模型验证拟合优度指数

群落	d_1	E_1	RMSE	MAE
浮游藻类	0.91	0.70	0.08	0.05
底栖藻类	0.72	0.65	0.026	0.018
大型水生植物	0.80	0.66	0.046	0.021
浮游动物	0.70	0.51	0.029	0.020
底栖动物	0.84	0.58	0.061	0.031
鱼类	0.87	0.63	0.002	0.001

（2）生物量季节变化规律。AQUATOX 模型经校正和验证后所得出的白洋淀不同群落生物量季节变化如图 5-2 所示。白洋淀浮游植物中，生物量最高的是耐污性较好的蓝藻和绿藻，并且其生物量呈现明显的季节变化规律。蓝藻生物量为夏季>春季>秋冬季，绿藻生物量为夏季>秋季>春季>冬季，硅藻生物量为秋季

明显高于其他季节。底栖绿藻生物量为秋季>夏季>春季>冬季，蓝藻和硅藻生物
量受季节变化影响不大。与浮游藻类相比，底栖藻类生物量存在一定滞后效应。
白洋淀大型水生植物狐尾藻、浮萍生物量季节规律与浮游植物类似，均为夏季>
秋季>春季>冬季。

白洋淀浮游动物生物量季节变化规律呈现与浮游植物相似的规律。桡足类
生物量为夏季>春季>秋季>冬季，轮虫类生物量为夏季>春秋季>冬季。底栖无
脊椎动物虾类和蟹类生物量均为秋季最高，明显高于其他季节。白洋淀鱼类（鲤
鱼和鲶鱼）生物量呈现出与浮游动物出相似的季节变化规律，均为夏季>春秋
季>冬季。

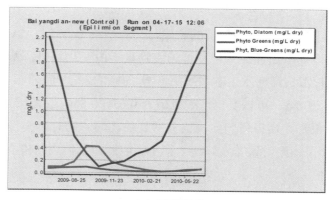

（a）浮游藻类

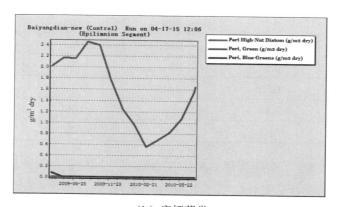

（b）底栖藻类

图 5-2　白洋淀不同群落生物量季节变化

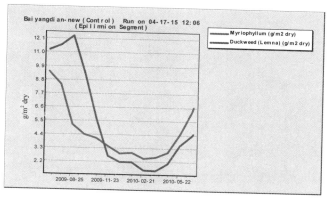

（c）大型水生植物

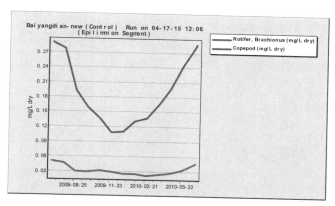

（d）浮游动物

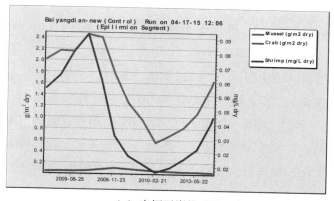

（e）底栖无脊椎动物

图 5-2　白洋淀不同群落生物量季节变化（续图）

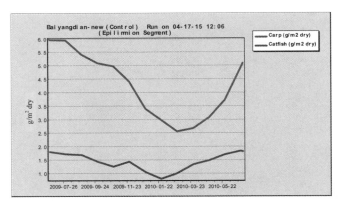

（f）鱼类

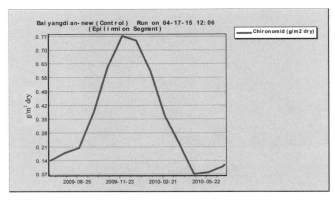

（g）底栖昆虫

图 5-2　白洋淀不同群落生物量季节变化（续图）

（3）白洋淀 GPP、R_{24} 和 P_n 季节变化规律。采用校正后的 AQUATOX 模型模拟白洋淀 GPP 和 R_{24}，并将值导出，计算 P_n。白洋淀 GPP、R_{24} 和 P_n 模拟值（图中实线）与实测值（图中圆点）的比较如图 5-3 所示。从中可以看出，白洋淀的初级生产力模拟值为 592～8012 mg·O_2·m^{-2}·d^{-1}，高于浮游植物和底栖藻类初级生产力总和（即实测值）（818～6101 mg·O_2·m^{-2}·d^{-1}）。白洋淀湖泊初级生产力季节变化规律较为明显，即夏季＞秋季＞春季＞冬季，该结果与北运河初级生产力季节变化一致。白洋淀湖泊初级生产力高于美国 Muskegon 湖泊、非洲中部 Kivu 湖泊、埃塞俄比亚 Ziway 湖泊，及中国淀山湖初级生产力，与埃塞俄比亚 Chamo 湖泊、国内双龙湖、巢湖初级生产力值相近，低于埃塞俄比亚 Awassa 湖泊和墨西哥 Valle de Bravo 水库初级生产力（表 5-6）。

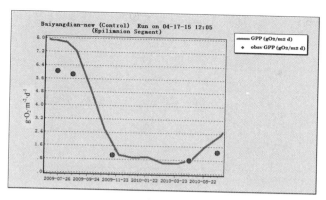

（a）初级生产力

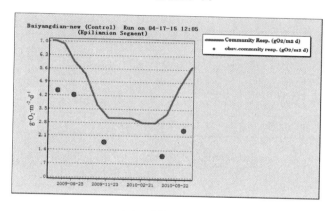

（b）群落呼吸速率

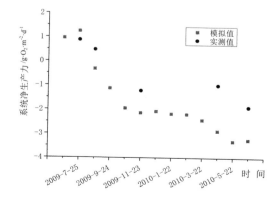

（c）系统净生产力

图 5-3　白洋淀 *GPP*、R_{24}、P_n 模拟值与实测值的比较

表 5-6　不同地区湖泊初级生产力、群落呼吸速率和净生产力

	地区	$GPP/$ $(gO_2\ m^{-2}\ d^{-1})$	$R_{24}/$ $(gO_2\ m^{-2}\ d^{-1})$	$P_n/$ $(gO_2\ m^{-2}\ d^{-1})$
Muskegon 湖泊	美国	3.80 ±0.32	2.20 ± 0.19	1.70± 0.19
Valle de Bravo 水库	墨西哥	3.60～20.30	4.56～41.52	−29.04～12.84
Kivu 湖泊	非洲东部	1.12～2.18	—	—
Ziway 湖泊	埃塞俄比亚裂谷	1.91～5.14	—	—
Chamo 湖泊	埃塞俄比亚裂谷	2.86～7.42	—	—
Awassa 湖泊	埃塞俄比亚裂谷	5.14～13.14	—	—
白洋淀	中国河北	0.59～8.01	2.79～7.06	−3.24～1.24
淀山湖	中国上海	0.48～1.53	—	—
双龙湖	中国重庆	1.55～9.49	—	—
太湖	中国江苏	—	0.34～8.87	—
巢湖	中国安徽	1.364～7.35	—	—

　　白洋淀湖泊群落呼吸速率较高，为 2789～7057 mg·O_2·m^{-2}·d^{-1}，显著高于浮游植物和底栖藻类呼吸速率总和（1810～4420mg·O_2·m^{-2}·d^{-1}）。根据 Guasch 等（1995）对地中海河流的研究，初级生产力和呼吸速率随着营养物质的增加而增加，且高温会促进初级生产力和呼吸速率的增长。白洋淀群落呼吸速率显著高于美国 Muskegon 湖泊呼吸速率，与中国太湖呼吸速率值接近。与初级生产力相似，白洋淀群落呼吸速率呈现明显的季节变化，主要为夏季>春季>秋季>冬季。

　　很明显，在夏季，浮游藻类、底栖藻类，及大型水生植物生物量最高，白洋淀初级生产力达到最高值，其值大于水生态系统群落呼吸速率，净生产力（P_n）最高达 1242 mg·O_2·m^{-2}·d^{-1}，P_n>0，白洋淀水生态系统净生产力为正值，呈自养状态。但在秋季、冬季及次年春季，白洋淀水生态系统净生产力为负值，即 P_n<0，白洋淀水生态系统呈现异养状态（Duarte et al.，2009），外源有机碳的输入对于维持水生态系统极其重要。Odum 指出，在污水带，呼吸作用远超过初级生产力（Odum，1956）。白洋淀人为干扰强烈，上游的工业污水、生活废水大量进入淀区。保定市每天排入白洋淀的生活污水及处理后的工业废水达到 26.9 万吨（张笑归等，2006）；上游农业使用的化肥农药大量随径流进入淀区；另外淀区内的大量

生活污水未经任何处理直排入水，每天排入的污水量约为320～800吨（张婷等，2010）。这些人为干扰将直接导致水生态系统呼吸速率的量和结构发生变化，甚至出现根本性的改变（Swaney et al., 1999）。

图5-3中，实线为修正后AQUATOX模型模拟值，圆点为实测值。白洋淀总初级生产力测定采用黑白瓶法和密闭小室法，其值为浮游藻类和底栖藻类的总和。由图5-3（a）可以看出，在夏季，湖泊总初级生产力模拟值大于实测值。因为白洋淀为浅水湖泊，平均水深1.6m，浮游藻类、底栖藻类和大型水生植物的初级生产都很旺盛，如果忽略了大型水生植物的固碳作用，将会造成对该水域初级生产力的严重低估（Caffrey et al., 1998；Ivanova et al., 2014）。在秋冬季节，由于植物凋零，白洋淀浮游藻类、底栖藻类和大型水生植物的初级生产力大大降低，其模拟值和实测值非常接近。而由图5-3（b）可以看出，白洋淀群落呼吸速率模拟值显著大于实测值。因为实测值仅考虑浮游藻类和底栖藻类，而AQUATOX模型考虑了整个生态系统，不仅包括浮游藻类和底栖藻类呼吸速率，还考虑了大型水生植物、浮游动物、底栖动物和鱼类的呼吸速率，该值为湖泊生态系统总呼吸速率。AQUATOX模型还充分考虑了种群竞争和通过食物链相互作用而产生的间接效应，克服了瓶内模拟现场培养的误差，使模拟结果更为准确。

（4）水量对白洋淀 GPP、R_{24} 和 P_n 的影响。白洋淀水量有明显的季节特征，分为丰水期、平水期、枯水期3个阶段。水生态系统初级生产力和群落呼吸速率对水量反应较为敏感。为明确水量对水生态系统 GPP、R_{24} 和 P_n 的影响，本研究使用校正后的AQUATOX模型对白洋淀丰、平、枯水期的 GPP、R_{24} 和 P_n 进行模拟。

由表5-7可以看出，在枯水期，白洋淀 GPP、R_{24} 和 P_n 均为最高。丰水期正好相反，GPP、R_{24} 和 P_n 最低，平水期各值居中。白洋淀水量与系统初级生产力、呼吸速率和净生产力明显相关。Pearson相关性分析表明，白洋淀水量与系统初级生产力和群落呼吸速率显著负相关，相关系数 r 分别为-0.748（$p<0.01$）和-0.822（$p<0.01$），与系统净生产力相关性较弱，r 值为-0.461（图5-4）。显然，水量与系统初级生产力、群落呼吸速率呈负相关（Hanson et al., 2008; Tsai et al., 2008; Staehr et al., 2010），极端流量甚至改变系统代谢平衡（Flöder, 1999）。该结论与多数研究结论一致。Crushell（2011）对爱尔兰的一个湖泊进行了野外模

拟研究，发现调控湖泊水文条件可以影响生态系统的水生植物群落，从而能够控制系统初级生产力。Alm（1999）在一个极端干旱的夏季对芬兰湿地的呼吸速率研究表明，随着湿地水位的下降，呼吸速率显著增大。野外实测发现，在空间序列上，随着水量或者积水深度的降低，湿地呼吸速率逐渐增大（Weston et al.，2006; Yang et al.，2005）。仲启铖等（2013）研究发现类似的结论，高水位湿地呼吸速率最小，中水位最大。然而，Muhr 等（2011）对德国东南部一个矿质泥炭沼泽进行研究发现，人工降低水位对其初级生产力和呼吸速率并没有造成显著影响，相对于表层泥炭，降低水位仅提高了较深层泥炭的氧气可用性，而呼吸速率可能受较低的底物质量的限制。由此看来，水位高低对湿地初级生产力和呼吸速率的影响较为复杂。

表 5-7 白洋淀丰、平、枯水期的 GPP、R_{24} 和 P_n

阶段	时间	水量/ $\times 10^9 \text{m}^3$	$GPP/$ $(\text{g}\cdot\text{O}_2\cdot\text{m}^{-2}\cdot\text{d}^{-1})$	$R_{24}/$ $(\text{g}\cdot\text{O}_2\cdot\text{m}^{-2}\cdot\text{d}^{-1})$	$P_n/$ $(\text{g}\cdot\text{O}_2\cdot\text{m}^{-2}\cdot\text{d}^{-1})$
丰水期	1—3 月	1.520	0.681	2.948	−2.267
平水期	4—6 月	1.271	0.980	3.037	−2.057
	10—12 月				
枯水期	7—9 月	0.964	4.948	5.019	−0.071

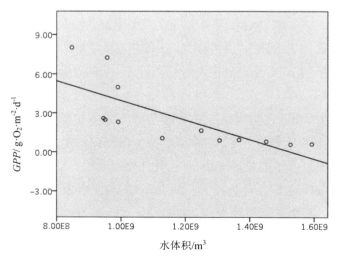

图 5-4 白洋淀 GPP、R_{24}、P_n 与水量回归分析

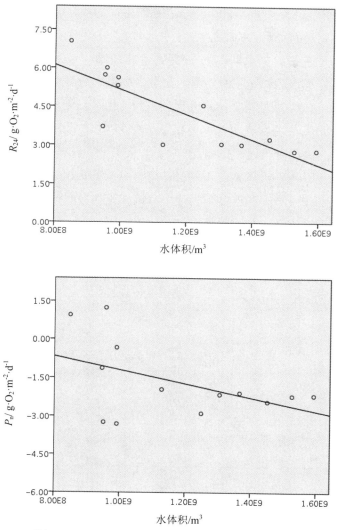

图 5-4 白洋淀 *GPP*、R_{24}、P_n 与水量回归分析（续图）

水量的大小会影响水位，水位的高低会影响水体温度、光线辐射强度等环境因子，进而对初级生产力、群落呼吸速率产生直接影响，还可以通过改变水体物理化学性质、植物群落组成和分布等环境因子，间接地作用于水体初级生产力和群落呼吸速率。多数研究认为，温度和光照是控制水生态系统初级生产力和呼吸速率的关键因子（仲启铖等，2013）。淀山湖初级生产力的时间变化与水温变化呈显著正相关（汪益嫔等，2011）。Kalff（2002）对温带水生植物进行研究后发现，相比于沉水植物，挺水植物群落的生物量和初级生产力明显偏高，其原因在于挺水植物可得到更充足的光照。本研究中，枯水期时（7—9 月）水温最高，为 19.59～28.58℃，光照也更充分；丰水期在 1—3 月，水温最低，为 2.13～18.15℃，光照强度也较弱，可能是水温和光照的作用导致水生态系统初级生产力和呼吸速率的差异。但对 AQUATOX 模型模拟结果分析后发现，当水温无显著差异时，如 9 月与 4 月水温均为 19℃左右，光照强度也相当（约 398ly/d），但水量为 9 月<4 月，其对应的初级生产力和呼吸速率如图 5-5 所示。从中可以看出，9 月份白洋淀的初级生产力和群落呼吸速率明显高于 4 月份，均与水量呈负相关。这说明，水量的多少影响白洋淀初级生产力和群落呼吸速率。该结论与多数研究结论一致，即水量与水生态系统初级生产力和呼吸速率呈负相关。因此，合理调控水量可以调节水生态系统初级生产力和呼吸速率（Valdespino-Castillo et al., 2014），从而保证湖泊生态系统良性循环和功能效益正常发挥。

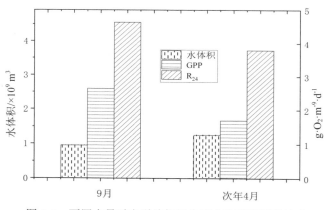

图 5-5　不同水量时白洋淀初级生产力和群落呼吸速率

（5）白洋淀初级生产力和呼吸速率敏感性分析。AQUATOX 模型敏感性分析结果见表 5-8。表中列出了模型中初级生产力和群落呼吸速率的主要影响因子，第一列列出了白洋淀初级生产力和群落呼吸速率，后面四列列举了初级生产力和群落呼吸速率最敏感的四个因子。模型的敏感性指数越大，模型参数对初级生产力或群落呼吸速率的变化贡献越大。根据敏感性分析结果，白洋淀初级生产力对狐尾藻（Myriophyllum）最适宜温度最敏感，其次分别为浮萍（Duckweed）最适宜温度、初始水量和浮萍（Duckweed）最大光合速率。白洋淀群落呼吸速率对初始水量最敏感，其他依次为 Myriophyllum 最适宜温度、Duckweed 初始温度和 Duckweed 呼吸速率。结果表明，白洋淀初级生产力、群落呼吸速率对水量、大型水生植物 Myriophyllum、Duckweed 的最适宜温度较为敏感，说明水量、大型水生植物对白洋淀初级生产力、群落呼吸速率贡献较大。

表 5-8　AQUATOX 模型敏感性分析

指标	控制生理参数的因子排序（敏感性指数）			
	1	2	3	4
GPP	Myriophyllum T_0（22.5）	Duckweed T_0（20.1）	V_0（15.3）	Duckweed P_m（12.8）
R_{24}	V_0（32.5）	Myriophyllum T_0（22.7）	Duckweed T_0（18.5）	Duckweed R（10.9）

注：T_0 为最适宜温度；V_0 为初始水量；P_m 为最大光合速率；R 为呼吸速率。

　　（6）白洋淀 GPP、R_{24} 和 P_n 环境影响因素量化辨析。为明确生产力指标（GPP、R_{24} 和 P_n）与环境指标相关性，将验证后的 AQUATOX 模型模拟值导出，对白洋淀生产力指标与环境因素指标采用 Pearson 相关性分析，这些分析均在 SPSS 16.0 软件中进行。白洋淀主要指标包括温度（T）、光强（$Light$）、透明度（$Trans$）、氨氮（NH_4^+）、总氮（TN）、总磷（TP）、生化需氧量（BOD_5）、溶解氧（DO）、pH、水量（Vol）、风速（WV）、摇蚊类（$Chironomid$）、轮虫（$Rotifer$）、桡足类（$Copepod$）、蚌类（$Mussel$）、蟹类（$Crab$）、虾（$Shrimp$）、鲤鱼（$Carp$）和鲶鱼（$Catfish$）等，分析结果见表 5-9。由于白洋淀和海河河口各点 pH 值接近，在相关性分析时进行了去除。

　　由表 5-9 可以看出，白洋淀初级生产力和群落呼吸速率均与温度、光强、氨氮、总氮、生化需氧量呈显著正相关（$p<0.05$），与透明度、水量和风速显著负相关（$p<0.05$）。此外，群落呼吸速率还与溶解氧浓度显著负相关，相关系数为-0.833（$p<0.01$）。生物指标中，初级生产力与虾和鲤鱼生物量显著正相关（$p<0.01$），群落呼吸速率与轮虫、桡足类、蚌类、虾、鲤鱼和鲶鱼生物量显著正相关（$p<0.05$）。白洋淀净生产力则明显不同，仅与氨氮、总氮、蚌类生物量和虾生物量呈正相关。

表 5-9　白洋淀生产力指标与环境指标 Pearson 相关性分析

指标	GPP		R_{24}		P_n	
	r	p	r	p	r	p
T/℃	0.566[②]	0.047	0.809[①]	0.001	−0.013	0.966
$Light$/（ly/d）	0.703[①]	0.004	0.785[①]	0.000	0.108	0.727
NH_4^+/（mg/L）	0.835[①]	0.000	0.694[①]	0.008	0.741[①]	0.004
TN/（mg/L）	0.904[①]	0.000	0.949[①]	0.000	0.602[②]	0.029
TP/（mg/L）	0.546	0.054	0.550	0.051	0.387	0.192
$Trans$/m	−0.655[②]	0.015	−0.935[①]	0.000	−0.188	0.539
DO/（mg/L）	−0.455	0.118	−0.833[①]	0.000	0.055	0.857
BOD_5/（mg/L）	0.758[①]	0.001	0.852[①]	0.000	0.361	0.197
Vol/m³	−0.748[①]	0.003	−0.822[①]	0.001	−0.461	0.113
WV/（m/s）	−0.606[②]	0.028	−0.568[②]	0.043	−0.473	0.102
$Chironomid$/（g/m²）	−0.279	0.356	−0.535	0.06	0.059	0.849
$Rotifer$/（mg/L）	0.489	0.09	0.819[①]	0.001	0.017	0.955
$Copepod$/（mg/L）	0.416	0.157	0.778[①]	0.002	−0.068	0.826
$Mussel$/（g/m²）	0.446	0.003	0.651[②]	0.016	0.631[②]	0.021
$Crab$/（g/m²）	−0.227	0.456	−0.521	0.068	0.135	0.659
$Shrimp$/（mg/L）	0.857[①]	0.000	0.733[①]	0.004	0.739[①]	0.004
$Carp$/（g/m²）	0.824[①]	0.001	0.867[①]	0.000	0.547	0.053
$Catfish$/（g/m²）	0.492	0.088	0.766[①]	0.002	0.075	0.806

注：①Correlation is significant at the 0.01 level(2-tailed).

②Correlation is significant at the 0.05 level(2-tailed).

综合看来，光强、水量对白洋淀初级生产力有重要影响。除此之外，营养盐和有机污染物对白洋淀初级生产力和呼吸速率影响显著。通过对浮游藻类、底栖藻类、大型水生植物的捕食作用，浮游动物（轮虫和桡足类）、底栖无脊椎动物（虾和蚌类）及鱼类对白洋淀初级生产力和呼吸速率也有一定影响。

为了避免定性描述的片面性，应用多元回归分析，进一步探讨生产力指标对白洋淀环境因子变化的响应。分析中需先对因变量 y 进行正态性检验，白洋淀 Shapiro-Wilk Test 输出结果显示统计量为 0.912，显著水平大于 0.05，因变量 y 服从正态分布。应用逐步多元回归分析方法，以选定的参数分别对 18 个指标进行逐步多元回归，依据决定系数、F 检验和 t 检验及共线性分析选出最优回归方程（表 5-10）。其中白洋淀参数为 $T(X_1)$、$Light(X_2)$、$NH_4^+(X_3)$、$TN(X_4)$、$TP(X_5)$、$Trans(X_6)$、$DO(X_7)$、$BOD_5(X_8)$、$Vol(X_9)$、$WV(X_{10})$、$Chironomid(X_{11})$、$Rotifer(X_{12})$、$Copepod(X_{13})$、$Mussel(X_{14})$、$Crab(X_{15})$、$Shrimp(X_{16})$、$Carp(X_{17})$ 和 $Catfish(X_{18})$。在经过逐步多元回归得到的 3 个回归模型中，生产力指标的可信度都达到了 95% 以上，经 F 检验，因变量和自变量相关性达到显著水平。由表 5-10 可知，白洋淀不同环境因子对 GPP、R_{24} 和 P_n 贡献各不相同。T、TN、TP 和 $Trans$ 对 GPP 贡献较大，拟合方程的决定系数为 0.968。除了 T、TN、TP 和 $Trans$，WV 对 R_{24} 贡献也较大，拟合方程的决定系数为 0.985。NH_4^+、TP 和 BOD_5 对 P_n 贡献较大，拟合方程的决定系数为 0.986。根据式（4-1）计算剩余因子，可以看出，白洋淀生产力各项指标的剩余因子在 0.118～0.179 之间，说明对于该指标的影响因素考虑较为全面。

表 5-10 白洋淀生产力指标回归模型

指标	回归方程	R^2	e	P
GPP	$Y=-29.01+0.014X_2+26.435X_4+3.441X_6-4.157X_8$ $+3.208\times10^{-9}X_9$	0.968	0.179	<0.001
R_{24}	$Y=-0.411+0.081X_1+6.562X_4-5.681X_5+0.119X_6$ $-2.781\times10^{-10}X_9$	0.985	0.122	<0.001
P_n	$Y=-11.021-0.17X_1+20.851X_4-28.919X_5+2.662X_6$ $-1.779X_8$	0.986	0.118	<0.001

逐步多元回归分析能较好地反映生产力指标与各环境因子之间的相关性，却不能充分反映出各环境因子之间的复杂关系。本研究采用通径系数分析进一步明确环境因子对 GPP、R_{24} 和 P_n 的影响。表 5-10～表 5-13 中列出了白洋淀生产方指标回归模型，以及白洋淀 GPP、R_{24}、P_n 与环境因子通径系数分析结果。由表 5-11 可以看出，环境因子对于白洋淀初级生产力直接影响作用的顺序为 $Trans>BOD_5>Light>Vol>TN$；而总氮（X_4）对初级生产力的间接作用最大，光强（X_2）仅次于总氮，两者主要通过透明度（X_6）和生化需氧量（X_8）对初级生产力产生了较大负值的间接作用。由表 5-12 可以看出，环境因子对于白洋淀群落呼吸速率直接影响作用的顺序为 $TN>T>TP>Vol>Trans$；而透明度（X_6）对群落呼吸速率的间接作用最大，其主要通过总氮（X_4）对群落呼吸速率产生了较大负值的间接作用，水量（X_9）和总磷（X_5）也对群落呼吸速率产生了较大负值和正值的间接作用。

由表 5-13 可以看出，环境因子对于白洋淀净生产力直接影响作用的顺序为 $Trans>TP > T> BOD_5 >TN$；而透明度（X_6）对系统净生产力的间接作用最大，主要通过温度（X_1）和总磷（X_5）对系统净生产力产生了较大正值的间接作用。综合上述内容，透明度、温度或光强、营养盐、及水量是影响白洋淀 GPP、R_{24} 和 P_n 最主要的环境因子。Pearson 相关性分析表明，鱼类生物量与白洋淀 GPP 重要相关，轮虫、桡足类、蚌类、鱼类生物量与白洋淀 R_{24} 重要相关，但通径系数分析显示，轮虫、桡足类、蚌类、鱼类生物量对 GPP 和 R_{24} 的直接作用及间接作用并不突出。因此，尽管消费者对生产者摄食作用具有重要意义，但其并非是影响白洋淀初级生产力的首要因子。其他环境因子如风速对白洋淀 GPP、R_{24} 和 P_n 直接作用并不突出，其通过影响其他环境因子对 GPP、R_{24} 和 P_n 产生复杂的间接作用，而这些间接作用可能会大大超出其自身对于 GPP、R_{24} 和 P_n 的直接影响，从而改变 GPP、R_{24}、P_n 与其的相关性。

表 5-11　白洋淀初级生产力与环境因子通径系数分析

GPP	直接通径系数	间接通径系数					
		X_2	X_4	X_6	X_8	X_9	总计
X_2	0.38		0.184	−0.416	−0.433	−0.260	−0.925
X_4	0.24	0.291		−0.48	−0.451	−0.293	−0.933
X_6	0.67	−0.293	−0.208		0.474	0.258	0.231
X_8	−0.58	0.302	0.228	−0.447		−0.314	−0.231
X_9	0.32	−0.309	−0.220	0.441	0.469		0.381

表 5-12　白洋淀群落呼吸速率与环境因子通径系数分析

R_{24}	直接通径系数	间接通径系数					
		X_1	X_4	X_5	X_6	X_9	总计
X_1	0.31		0.533	−0.019	−0.035	0.023	0.502
X_4	0.86	0.189		−0.112	−0.035	0.046	0.088
X_5	−0.15	0.040	0.642		−0.02	0.041	0.703
X_6	0.04	−0.270	−0.745	0.077		−0.040	−0.978
X_9	−0.05	−0.141	−0.789	0.123	0.032		−0.775

表 5-13　白洋淀净生产力与环境因子通径系数分析

P_n	直接通径系数	间接通径系数					
		X_1	X_4	X_5	X_6	X_8	总计
X_1	-0.65		0.161	-0.102	-0.775	-0.206	-0.922
X_4	0.26	-0.403		-0.590	0.771	-0.409	-0.631
X_5	-0.79	-0.084	0.194		-0.457	-0.355	-0.702
X_6	0.89	0.516	-0.235	0.406		0.311	0.998
X_8	-0.43	0.311	0.247	-0.652	-0.727		-0.821

五、小结

初级生产过程、呼吸作用是湖泊生态系统能量流、物质流的重要环节，影响湖泊生物资源量的变动及湖泊生态系统的结构和功能。水文、水质及食物网是影响湖泊初级生产过程、呼吸作用的重要环境因素，开展水文、水质及食物网对湖泊初级生产过程、呼吸作用影响的研究，为湿地水文管理、水环境健康提供科学依据与决策支持。

AQUATOX 模型验证后模拟了水质、水量、生物综合作用下白洋淀湖泊 GPP、R_{24} 和 P_n。结果表明，白洋淀 GPP、R_{24} 和 P_n 呈现显著季节变化。GPP 和 R_{24} 夏季最高，秋季、春季次之，冬季最低。P_n 也在夏季达到最高值且 $P_n>0$，生态系统呈自养状态；但在秋季、冬季及次年春季，白洋淀净生产力为负值，即 $P_n<0$，生态系统呈异养状态。白洋淀 GPP 和 R_{24} 模拟值分别为 592～8012 $mg·O_2·m^{-2}·d^{-1}$ 和 2789～7057 $mg·O_2·m^{-2}·d^{-1}$，净生产力为 -3241～1242 $mg·O_2·m^{-2}·d^{-1}$。白洋淀浮游藻类和底栖藻类 GPP 实测值为 818～6101 $mg·O_2·m^{-2}·d^{-1}$，R_{24} 值为 1810～4420 $mg·O_2·m^{-2}·d^{-1}$。这说明忽略湿地大型水生植物的初级生产作用，会造成对生态系统初级生产力的严重低估。

$Pearson$ 相关性分析表明，白洋淀水量与系统初级生产力、呼吸速率呈负相关，相关系数 r 分别为 -0.748 和 -0.822，与系统净生产力相关性较弱，r 值为 -0.461。白洋淀 GPP 和 R_{24} 均与温度、光强、氨氮、总氮、生化需氧量呈显著正相关，与透明度、水量和风速显著负相关。此外，GPP 与鱼类生物量显著正相关。逐步多元回归分析和通径系数分析进一步表明，透明度、温度或光强、营养盐，及水量是影响白洋淀 GPP、R_{24} 和 P_n 最主要的环境因子。环境因子对白洋淀初级生产力直接影响作用的顺序为：$Trans > BOD_5 > Light > Vol > TN$，而总氮对初级生产力的间接作用最大。环境因子对白洋淀群落呼吸速率直接影响作用的顺序为：$TN > T > TP > Vol > Trans$，而透明度对群落呼吸速率的间接作用最大。环境因子对白洋淀净生产力直接影响作用的顺序为：$Trans > TP > T > BOD_5 > TN$，而透明度对系统净生产力的间接作用最大。浮游动物、底栖无脊椎动物、鱼类对生产者的摄食作用并非影响白洋淀初级生产力的首要因子，其他环境因子如风速、溶解氧对白洋淀 GPP、R_{24} 和 P_n 直接和间接作用并不突出。

参考文献

[1] 庄长伟，欧阳志云，徐卫华，等. 近 33 年白洋淀景观动态变化[J]. 生态学报，2011, 31(3): 839-848.

[2] 刘丰，刘静玲，张婷等. 白洋淀近 20 年土地利用变化及其对水质的影响[J]. 农业环境科学学报，2010, 29(10): 1868-1875.

[3] Wang X M, Liu J L, Ma M Y, et al. Response of Freshwater Biofilm to pollution and ecosystem in Baiyangdian Lake of China[J]. Procedia Environmental Sciences, 2010, 2: 1759-1769.

[4] Hu G C, Luo X J, Li F C, et al. Organochlorine compounds and polycyclic aromatic hydrocarbons in surface sediment from Baiyangdian Lake, North China: Concentrations, sources profiles and potential risk[J]. Journal of Environmental Sciences, 2010, 22(2): 176-183.

[5] Guo W, Pei Y S, Yang Z F, et al. Assessment on the distribution and partitioning characteristics of polycyclic aromatic hydrocarbons (PAHs) in Lake Baiyangdian, a shallow freshwater Lake in China[J]. Journal of Environmental Monitoring, 2011, 13(3):681-688.

[6] Dai G H, Liu X H, Liang G, et al. Distribution of organochlorine pesticides (OCPs) and polychlorinated biphenyls (PCBs) in surface water and sediments from Baiyangdian Lake in North China[J]. Journal of

Environmental Sciences, 2011, 23(10): 1640-1649.

[7] 奚旦立，孙裕生. 环境监测[M]，北京：高等教育出版社，2010.

[8] 陈伟明，黄翔飞，周万平，等. 湖泊生态系统观测方法[M]. 北京：中国环境科学出版社，2005: 17-37.

[9] Wetzel R G, Likens G E. Limnological Analysis[M]. New York: Springer Science & Business Media, 2013.

[10] Guasch H, Martí E, Sabater S. Nutrient enrichment effects on biofilm metabolism in a Mediterranean stream[J]. Freshwater Biology, 1995, 33(3): 373-383.

[11] Duarte C M, Conley D J, Carstensen J. Return to Neverland: Shifting Baselines Affect Eutrophication Restoration Targets[J]. Estuaries and Coasts, 2009, 32(1): 29-36.

[12] Odum H T. Primary production in flowing waters[J]. Limnology Oceanography, 1956, 1(2): 102-117.

[13] 张笑归，刘树庆，窦铁岭，等. 白洋淀水环境污染防治对策[J]. 中国生态农业学报，2006, 14(2): 27-31.

[14] 张婷，刘静玲，王雪梅. 白洋淀水质时空变化及影响因子评价与分析[J]. 环境科学学报，2010, 30 (2) : 261-267.

[15] Swaney D P, Howarth R W, Butler T J. A novel approach for estimating ecosystem production and respiration in estuaries: Application to the oligohaline and esohaline Hudson River[J]. Limnology and Oceanograph, 1999, 4(6): 1509-1521.

[16] Caffrey J M, Cloern J E, Grenz C. Changes in production and respiration during a spring phytoplankton bloom in San Francisco Bay, California, USA: Implications for net ecosystem metabolism[J]. Marine Ecology Progress Series, 1998, 172: 1-12.

[17] Ivanova E A, Anishchenko O V, Glushchenko L A, et al. Contribution of different groups of autotrophs to the primary production of the mountain

Lake Oiskoe[J]. Contemporary Problems of Ecology, 2014, 7(4): 397-409.

[18] Hanson P C, Carpenter S R, Kimura N, et al. Evaluation of metabolism models for free-water dissolved oxygen methods in lakes[J]. Limnology and Oceanography, 2008, 6(a):454-465.

[19] Tsai J W, Kratz T K, Hanson P C, et al. Seasonal dynamics, typhoons and the regulation of lake metabolism in a subtropical humic lake[J]. Freshwater Biology, 2008, 53(10): 1929-1941.

[20] Flöder S, Sommer U. Diversity in planktonic communities: an experimental test of the intermediate disturbance hypothesis[J]. Limnology and Oceanography, 1999, 44(4): 1114-1119.

[21] Crushell P H, Smolders A J P, Schouten M G C, et al. Restoration of a Terrestrialized Soak Lake of an Irish Raised Bog: Results of Field Experiments[J]. Restoration Ecology, 2011, 19(2): 261-272.

[22] Alm J, Schulman L, Waldon J. Carbon balance of a boreal bog during a year with an excep tionally dry summer[J]. Ecology, 1999, 80(1): 161-174.

[23] Weston N B, Dixon R E, Joye S B. Ramifications of increased salinity in tidal freshwater sediments: Geochemistry and microbial pathways of organic matter mineralization[J]. Journal of Geophysical Research, 2006, 111(G1): 101-109.

[24] Yang J S, Liu J S, Yu J B, et al. Effects of water table and nitrogen addition on CO_2 emission from wetland soil[J]. Chinese Geographical Science, 2005, 15(3): 262-268.

[25] 仲启铖，关阅章，刘倩，等．水位调控对崇明东滩围垦区滩涂湿地土壤呼吸的影响[J]．应用生态学报，2013, 24(8): 2141-2150.

[26] Muhr J, Hhle J, Otieno D O, et al. Manipulative lowering of the water table during summer does not affect CO_2 emissions and uptake in a fen in Germany[J]. Ecological Applications, 2011, 21(2): 391-401.

[27] 汪益嫔，张维砚，徐春燕，等．淀山湖浮游植物初级生产力及其影响因

子[J]. 环境科学，2011. 32(5): 1249-1256.

[28] Kalff J. Limnology: Inland Water Ecosystem[M]. Upper Saddle River, N J: Prentice Hall, 2002.

[29] Valdespino-Castillo P M, Merino-Ibarra M, Jiménez-Contreras J, et al. Community metabolism in a deep (stratified) tropical reservoir during a period of high water-level fluctuations[J]. Environmental monitoring and assessment, 2014, 186(10): 6505-6520.

第六章 AQUATOX 模型应用——河口

在河口水域，由于同时受到海水冲刷及陆源输入的作用，河口生态系统的结构和功能受多种环境因素的制约，其中主要参数包括温度、混浊度、营养盐、盐度、光强、水扰动、pH 值，及水生动物的摄食等。近年来，随着人类活动的加剧，尤其是闸坝的建设，淡水入海流量大大减少，影响甚至破坏了河口生态系统，这些改变包括水质、水量，生物群落的组成、分布及功能改变。

本章以海河河口为研究区，应用 AQUATOX 模型，模拟海河河口 GPP、R_{24} 和 P_n 季节变化，对 GPP 和 R_{24} 进行敏感性分析，量化辨析影响河口水生态系统 GPP、R_{24} 和 P_n 的主要环境因子，探讨海河河口水动力对 GPP、R_{24} 和 P_n 的影响，为河口水生态系统管理、保护提供科学依据。

一、研究区概况

海河河口是海河干流的入海尾闾，是海河流域最重要的入海河口之一。海河河口位于天津市滨海新区渤海湾西岸。上距天津市区中心三岔口处约 74 km，下距渤海湾口约 200 km。1958 年，海河口建闸，其被简称为海河闸。闸下河口呈一喇叭口状，然后逐渐开阔，河口水下为大沽沙浅滩，中间为大沽沙航道。河口底坡平缓，坡度为 0.001～0.008，潮间带浅滩宽 4.0～6.0km，河口沉积物以粉砂淤泥质为主，粒径多数小于 0.02 mm。

海河河口入海径流主要受上游河道来水和流域气候环境控制。海河流域年均气温 12.3℃，年际降雨变化幅度大，年内分配极不均匀，60%～80%集中在 7～9 月。20 世纪 50 年代以前，海河干流入海水量丰沛，多年平均径流量为 98.7×10⁹m³，20 世纪 50 年代后，由于上游河道拦截蓄水，下泄水量逐渐减少。20 世纪 60 年代多年平均入海水量减少超过 50%，为 43.6×10⁹m³，20 世纪 70 年代降低至 10.1×10⁹m³，20 世纪 80 年代更低，为 1.7×10⁹m³，20 世纪 90 年代则为 2.8×10⁹m³。近年来，随着降雨量与入海径流的减少，塘沽站的年平均盐度增加了 1.9 ‰（吴德星等，2004）。另外，入海水量减少减弱了对污染物的稀释净化作用，入海污染物自河流尾闾至河口区聚集，在潮水的往复作用下，扩散能力很弱，使得河流下游和河口水质严重恶化。

二、研究内容及方法

（1）采样点。本研究于 2011 年 4—11 月在海河河口 12 个采样点进行了采样。其中，S1、S2 位于海河尾闾，S3 和 S4 设在海河闸前后 500 m，S5 位于海河口最狭窄位置，S6 靠近大沽排污河，附近为大沽排污河汇入处。S7、S8 为海河流出口，沿主流中泓线距海河闸 5.7 km 和 8.7 km。S9～S12 为潮间带。由于河口中心为船只航道，为了减少干扰，采样点设在距岸边 10 m 处。每个站位均进行 GPS 定位。AQUATOX 模型中海河河口的主要水文、水质特征数据见表 6-1、表 6-2。

表 6-1   海河河口主要水文特征数据

水域面积/km²	最大长度/km	最大宽度/km	平均水深/m	年均入海水量/10⁸m³	平均潮差/m	纬度/（°）	平均光强/（ly/d）	平均气温/℃	平均蒸发量/（in/a）
36	15	3.50	5.58	2.23	2.15	39.10	349.50	12.90	70.01

表 6-2   海河河口的主要水质特征数据

水质特征	pH	DO/（mg/L）	Sal/（‰）	$Trans$/cm	COD_{Mn}/（mg/L）
均值	8.42	8.64	23.15	71.23	10.93
范围	8.30～8.65	6.62～10.08	12.22～30.30	29～125	6.28～19.60
水质特征	TN/（mg/L）	NH_4^+/（mg/L）	TP/（mg/L）	Oil/（mg/L）	
均值	3.08	0.15	0.22	0.321	
范围	1.02～10.26	0.10～0.62	0.01～0.28	0.001～7.123	

（2）水质监测。海河河口测定的水质特征参数有水温（T）、pH、盐度（Sal）、溶解氧（DO）、氨氮（NH_4^+）、化学需氧量（COD）、总氮（TN）、总磷（TP）、透明度（$Trans$）等水质指标。其中，T、pH、Sal、$Trans$、NH_4^+、和 DO 采用 YSI 多功能参数仪现场测定，其他水样每个采样点三份置于冰盒中运回实验室。COD_{Mn}、TN 和 TP 依据环境监测（奚旦立，2010）。

（3）样品采集及分析。

1）浮游动、植物和大型水生植物。浮游动植物、大型水生植物采样详见第四章第二部分研究内容与方法。根据《湖泊生态系统观测方法》中的测定方法确定浮游藻类、浮游动物生物量，及大型水生植物生物量（陈伟明等，2005）。

2）底栖硅藻。利用自制采样器采集表层样品（0～5cm）。为了减少随机误差，每个采样点采集 3～4 次，混匀后放入塑料袋中密封，放置冰盒中运回实验室，置于-20℃冰箱中保存至分析。

实验室采用重液浮选法提取硅藻样品。其基本流程为：取 5g 硅藻样品放入烧杯中，加入 10%的 HCl 溶液，缓慢加热并搅动 15min，待反应完全后进行离心沉淀，去除 $CaCO_3$ 和某些金属氧化物，然后将 HCl 洗净；再向 HCl 处理过的溶液中加入 30%的 H_2O_2 去除有机质，待反应完全后离心沉淀，用去离子水将沉淀物清洗干净，如有较大粗粒有机质，用 0.5mm 筛过滤；用重液浮选法将硅藻从沉淀物中分离出来，去除矿物质，浮选两次，离心后保留上浮溶液，用去离子水稀释上浮溶液，再次离心分离，保留沉淀物，并用去离子水清洗干净；最后用酒精将样品洗净，并制作玻片，进行鉴定（Bergland，1986）。再用 Olympus BX-51 光学显微镜将样品放大 800 倍后鉴定和统计硅藻，每个样品鉴定和统计硅藻壳体 300 粒左右。底栖硅藻鉴定分析依据《中国海洋底栖硅藻类（上、下）》《中国海藻志》等进行。

底栖硅藻生物量采用无灰干重表示。分别取 3 份预处理后平行样品称重，在 105℃环境下干燥 24h 后再次称重，接着在 500℃马弗炉（SX-4-10 Fiber Muffle，Test China）内烘干 1h 后称量样品灰，计算无灰干重（AFDM）（Tlili et al.，2008），计算单位记为 $g·m^{-2}$。

3）底栖动物。利用自制采样器采集表层样品（0～10cm）。为了减少随机误差，每个采样点采集 3～4 次，混匀后放入塑料袋中密封，放置冰盒中运回实验室，置于-20℃冰箱中保存至分析。

具体采样方法详见第四章第二部分研究内容与方法。鱼类样方的划定与大型水生植物相同，具体采集方法详见第四章第二部分研究内容与方法。

4）总有机碳（TOC）。样品采集与底栖动物采集方法相同。样品运回实验室后置于铝箔纸上自然风干。预处理及测定方法参照 Gaudette（1974）的方法，具体流程为：经 110℃干燥 24h 后，取 1～2g 样品置于 50mL 带塞比色管中，然后加入 5mL 浓度为 0.4mol/L 的 $K_2Cr_2O_7$ 溶液和 5mL 浓 H_2SO_4，氧化去除沉积物中有机质，再置于 185～190℃温度下加热消化后加入 $K_2Cr_2O_7$ 进一步氧化，以邻菲啰啉作为指示剂，采用 0.2 mol/L FeSO$_4$ 溶液滴定。

（4）海河河口潮汐流速。鉴于全面监测海河河口潮汐流速存在实际问题，本研究采用李玉山（1985）的研究成果。该监测历时两年，共布设 16 个站位，海河河口潮汐平均流速、潮差见表 6-3 和表 6-4。

表 6-3　海河河口潮汐平均流速

平均流速/（m/s）	S4	S5	S6	S7	S8	S9	S10	S11	S12	平均值
落潮	0.009	0.184	0.294	0.146	0.133	0.173	0.154	0.138	0.138	0.152
涨潮	0.043	0.271	0.309	0.129	0.118	0.200	0.200	0.211	0.211	0.188

表 6-4　海河河口潮汐平均潮差

平均潮差/m	海河闸	S4	S5	S8	平均值
大潮	3.24	3.25	3.36	3.28	3.283
中潮	2.62	2.25	2.75	2.44	2.515
小潮	1.54	—	1.52	1.27	1.443

三、建模与数据

海河河口水体湍流运动剧烈，其水动力力特征与其他水体相比有着较大的差别。河口子模型由两个混合层组成，盐度是分层的控制因素。河口水动力模型需要输入潮汐模型参数，同时需要淡水入流水量。依据数据库资料和部分监测数据，AQUATOX 模型中海河河口生产者、消费者种数主要参数见表 6-5 和表 6-6。

表 6-5　海河河口生产者种类及主要参数

种类	浮游藻类			底栖藻类	大型水生植物
	硅藻	绿藻	蓝藻	硅藻	狐尾藻
B_0	0.003	0.04	0.002	0.0003	0.05
L_S/（ly/d）	22.5	75	45	22.5	235
K_P/（mg/L）	0.085	0.03	0.033	0.055	0
K_N/（mg/L）	0.25	0.9	0.4	0.11	0
T_{RS}	1.5	1.0	1.35	1.4	1.5
T_0/℃	20	26	30	20	16
P_m/d^{-1}	0.88	1.98	1.62	1.66	1.25

续表

种类	浮游藻类			底栖藻类	大型水生植物
	硅藻	绿藻	蓝藻	硅藻	狐尾藻
R_{resp}/d^{-1}	0.24	0.22	0.024	0.08	0.13
M_c/d^{-1}	0.05	0.002	0.003	0.001	0.003
L_e/m^{-1}	0.18	0.14	0.08	0.03	0.05
W/D	5	5	5	5	5

表 6-5 中，B_0 为初始生物量，表征浮游藻类时单位为 mg/L，表征附着藻类和大型植物时单位为 g/m^2；L_S 为光合作用时光饱和度；K_P 为磷半饱和常数；K_N 为氮半饱和常数；T_{RS} 为温度反应坡度；T_0 为最适宜温度；P_m 为最大光合作用率；R_{resp} 为呼吸速率；M_c 为死亡系数；L_e 为消光系数；R_{sink} 为沉降率；W/D 为湿重与干重比值。

表 6-6　海河河口消费者种类及主要参数

种类	浮游动物		底栖无脊椎动物			鱼类	
	桡足类	轮虫	贝类	虾	蟹	鲤鱼	鲫鱼
B_0	0.035	0.0001	0.066	0.15	0.001	0.01	0.009
H_S	1	1	1	0.05	0.50	0.85	3.21
C_m/[g/(g.d)]	1.80	1.438	0.48	0.87	0.098	0.008	0.05
P_{min}/（mg/L）	0.25	0.60	0.05	0.05	0.10	0.25	0.10
T_0/℃	26	25	20	28	34	22	25
R_{resp}/d^{-1}	0.08	0.25	0.058	0.019	0.008	0.005	0.005
C_c	0.001	0.35	1	0.001	10	125	25
M_c（d^{-1}）	0.025	0.25	0.005	0.001	0.01	0.005	0.005
L_f	0.01	0.05	0.05	0.05	0.05	0.10	0.06
W/D	5	5	5	5	5	5	5

表 6-6 中，B_0 为初始生物量，表征浮游动物和鱼类时单位为 mg/L，表征底栖动物时单位为 g/m^2；H_S 为半饱和喂养，表征浮游动物和鱼类时单位为 mg/L，表征底栖动物时单位为 g/m^2；C_m 为最大消耗率；P_{min} 为捕食喂养；T_0 为最适宜温度；R_{resp} 为内呼吸速率；C_c 为承载能力，表征浮游动物和鱼类时单位为 mg/L，表征底栖动物时单位为 g/m^2；M_c 为死亡系数；L_f 初始脂质比例；W/D 为湿重与干重比值。

四、结果

（1）模型校正与验证。海河河口典型生物群落生物量模拟值（图中实线）与实测值（图中圆点）的比较如图 6-1 所示。可以看出，模拟值与实测值拟合良好，AQUATOX 模型能较好地模拟海河河口优势种群的生物量年内变化趋势。校正模型的一致修正指数 d_1 和有效修正系数 E_1 见表 6-7。结果表明，一致修正指数 d_1 范围为 0.62～0.79，有效修正系数 E_1 范围为 0.50～0.67，证明模拟拟合良好，模拟值与实测值分布趋势相同。同时，模型模拟均方根误差（$RMSE$）和平均绝对误差（MAE）较小。因此，我们判断模型校正充分，预测结果合理可信。

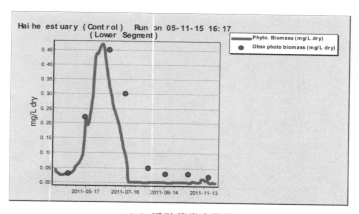

（a）浮游藻类生物量

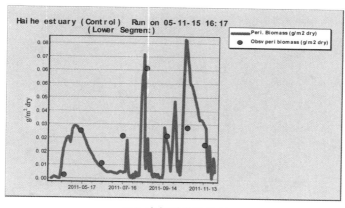

（b）底栖硅藻生物量

图 6-1　海河河口典型生物群落生物量模拟值与实测值

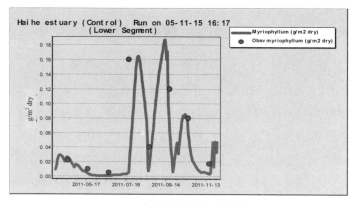

（c）大型水生植物生物量

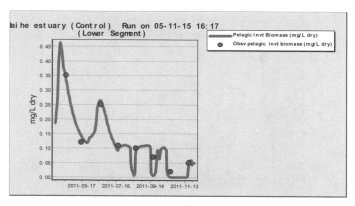

（d）浮游动物生物量

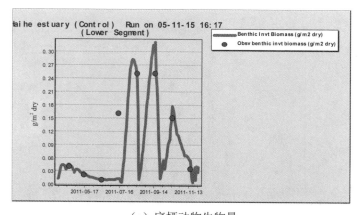

（e）底栖动物生物量

图 6-1　海河河口典型生物群落生物量模拟值与实测值（续图）

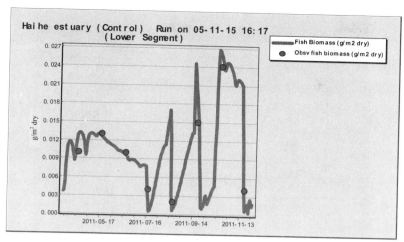

（f）鱼类生物量

图 6-1   海河河口典型生物群落生物量模拟值与实测值（续图）

表 6-7   模型验证拟合优度指数

群落	d_1	E_1	RMSE	MAE
浮游藻类	0.79	0.67	0.130	0.101
底栖藻类	0.62	0.53	0.086	0.057
大型水生植物	0.70	0.62	0.106	0.081
浮游动物	0.68	0.51	0.062	0.037
底栖动物	0.63	0.52	0.095	0.073
鱼类	0.69	0.50	0.032	0.031

（2）生物量季节变化。由图 6-2 可知，海河河口浮游藻类生物量季节变化规律较为明显，夏季最高，春季次之，秋季最低。由于实验条件限制，海河河口仅测定了表层底泥中底栖硅藻，底栖硅藻生物量季节变化不太显著，可能与海河河口底泥清淤，底栖硅藻受到影响有关。狐尾藻生物量为夏秋季>春季。

海河河口浮游动物桡足类生物量为夏季>春季>秋季，轮虫类生物量呈现夏秋季>春季。虾类生物量则为春季>夏季>秋季，蟹类最高生物量出现在秋季，其次为夏季，春季生物量较低。海河河口鱼类生物量季节变化与蟹类生物量相似，秋季最高，夏季次之，春季最低。

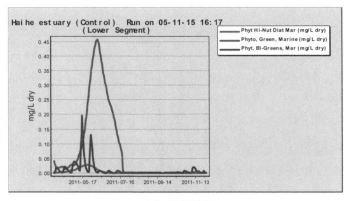

（a）浮游藻类

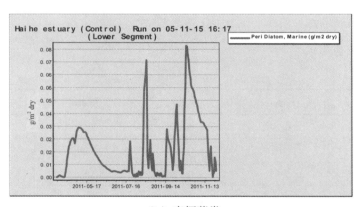

（b）底栖藻类

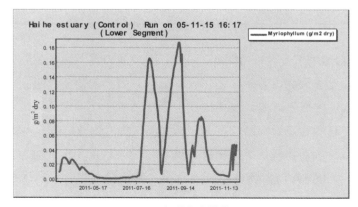

（c）大型水生植物

图 6-2　海河河口不同生物群落生物量季节变化

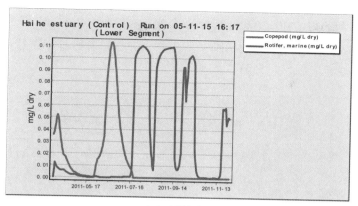

（d）浮游动物

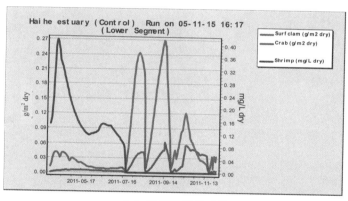

（e）底栖无脊椎动物

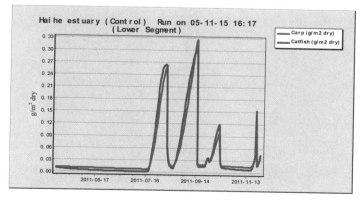

（f）鱼类

图 6-2　海河河口不同生物群落生物量季节变化（续图）

（3）海河河口 GPP、R_{24} 和 P_n 季节变化。在控制（Control）条件下，采用验证后的 AQUATOX 模型对海河河口初级生产力和群落呼吸速率进行模拟，模拟结果如图 6-3 所示。

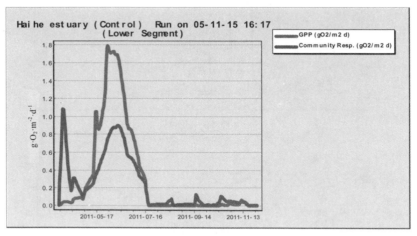

（a）初级生产力和群落呼吸速率

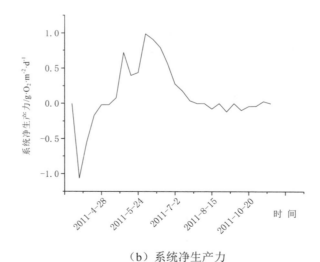

（b）系统净生产力

图 6-3　海河河口初级生产力、群落呼吸速率和净生产力

由图 6-3 可知，海河河口初级生产力和群落呼吸速率分别为 16～1789mg·O$_2$·m^{-2}·d^{-1} 和 56～1083 mg·O$_2$·m^{-2}·d^{-1}。海河河口初级生产力呈现明显季

节变化，初夏（6 月份）明显高于春季和秋季，这与图 6-2（a）浮游藻类生物量季节变化一致，也与海河河口监测到的浮游藻类生物量季节变化一致（蔡琳琳等，2013；张萍等，2015）。初夏季节，浮游植物大量增殖，其初级生产力达最高值，浮游植物生物量与系统初级生产力明显相关（蒋万祥等，2010）。群落呼吸速率最高值出现在春季和夏季，明显高于秋季，与初级生产力的变化不太一致。由表 6-8 可以看出，海河河口初级生产力和群落呼吸速率低于美国 Florida 海岸、Apalachicola 海湾、Monterey 海湾，及葡萄牙 Douro 河口，与我国珠江河口初级生产力相近。

表 6-8　不同地区河口初级生产力、群落呼吸速率和净生产力

	地区	$GPP/$ (mg·O$_2$·m^{-2}·d^{-1})	$R_{24}/$ (mg·O$_2$·m^{-2}·d^{-1})	$P_n/$ (mg·O$_2$·m^{-2}·d^{-1})
Florida 海岸	美国	640～3840	228～2240	320～1344
Apalachicola 海湾	美国	500～6500	300～5200	−1800～3200
Monterey 海湾	美国	—	1600～7300	600～49500
Douro 河口	葡萄牙	13～5367	48～9360	
海河河口	中国	16～1789	56～1083	−1046～1038
黄河河口	中国	—		−5320～4840
珠江河口	中国	640～2360		—

海河河口净生产力范围为−1046～1038mg·O$_2$·m^{-2}·d^{-1}。在夏季，系统初级生产力高于群落呼吸速率，即 $P_n>0$，净生产力为正值，水生态系统呈自养状态。其他季节系统净生产力为负值，$P_n<0$，水生态系统呈异养状态，其原因可能有以下三方面：

1）海河河口是海河入海尾闾，来自上游污染物和悬浮物随河流流入河口，微生物降解有机污染物消耗了大量氧气。

2）河口由于淡水入流和潮汐的双重作用，水动力显著，水体浑浊度较高，浮游藻类等的初级生产力受到抑制。

3）群落组成中，异养生物占有相当大比例，其代谢活动消耗了大量氧气。海河河口净生产力变化范围较小，其最高值低于美国 Florida 海岸、Apalachicola 海湾、Monterey 海湾和黄河河口净生产力。

（4）海河河口 GPP 和 R_{24} 敏感性分析。敏感性分析结果如图 6-4 所示。图

6-4 中，输入参数减少给定百分比时模型输出结果用灰线表示，增加给定百分比时
模型结果用黑线表示。输入参数 15% 的变化引起输出结果 15% 的变化，表示敏感
度是 100%。图 6-4 显示受试参数 15% 改变（增加或减少 15%）时，海河河口初级
生产力和群落呼吸速率的变化。灵敏度越高，模型参数对初级生产力和群落呼吸
速率的贡献越大。很显然，GPP 对蓝绿藻最敏感，尤其是最大光合速率、温度反
应坡度和最佳温度，因为在模拟中，蓝绿藻占预测生物量的 30%。此外，蓝绿藻
最大光合速率如果增加，GPP 将会有显著上升。降低蓝绿藻温度反应坡度和最佳
温度，蓝绿藻会大量生长导致模拟中 GPP 增加。位置参数如平均光强、水量、最
大水深和温度，也对 GPP 产生重要影响。其他敏感参数包括：蛤死亡系数、轮虫
最大消耗量、虾呼吸速率、鲶鱼死亡系数等，这些均是藻类和大型水生植物捕食
者。然而，图 6-4 反映了这些参数的单向响应，无论这些捕食者增加还是减少，
GPP 都略有增加。对这一现象的解释可能源于水生态系统的"平衡"状态，这说
明了在使用 AQUATOX 模型时食物链相互作用的重要性。

相对于 GPP，R_{24} 敏感性统计数据普遍较低，如图 6-4（b）所示。R_{24} 与温度
强烈相关。最敏感参数为平均上层温度，平均上层温度增加会导致 R_{24} 增加。初
始水量也对 R_{24} 有一定影响。其他敏感参数受优势种群效应的控制，如浮游植物
优势种群绿藻和蓝绿藻，浮游动物轮虫。

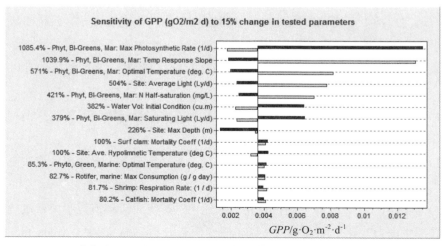

（a）Gross primary production（GPP），15% parameter test

图 6-4　海河河口受试参数改变 15% 时 GPP 和 R_{24} 敏感性

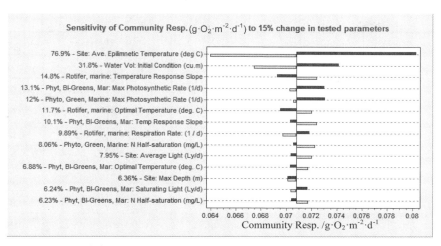

（b）Ecosystem respiration（R_{24}），15% parameter test.

图 6-4　海河河口受试参数改变 15% 时 *GPP* 和 R_{24} 敏感性（续图）

（5）海河河口 *GPP*、R_{24} 和 P_n 环境影响因素量化辨析。为明确 *GPP*、R_{24}、P_n 与环境因子相关性，将修正后的 AQUATOX 模型模拟值导出，采用 Pearson 相关性进行分析。海河河口主要参数包括温度、盐度（*Salinity*）、光强、透明度、生化需氧量、溶解氧、总氮、总磷、pH、淡水入流水量（*IV*）、水深（*WD*）、潮高（*TH*）、涨潮流速（*RV*）、退潮流速（*EV*）、桡足类（*Copepod*）、轮虫（*Rotifer*）、蛤蜊（*Surf clam*）、虾（*Shrimp*）、蟹类（*Crab*）、鲤鱼（*Carp*）和鲇鱼（*Catfish*）等，分析结果见表 6-9。由于海河河口各点 pH 值接近，在相关性分析时进行了去除。

表 6-9　海河河口生产力指标与环境指标 Pearson 相关性分析

指标	*GPP*		R_{24}		P_n	
	r	p	r	P	r	p
T/℃	0.155	0.015	−0.077	0.233	0.317	0.000
Light/（ly/d）	0.460[2]	0.000	0.341	0.000	0.436[1]	0.000
Salinity/（‰）	−0.320	0.000	−0.302	0.000	−0.247	0.000
TN/（mg/L）	0.257	0.018	0.428[2]	0.000	0.033[*]	0.605
TP/（mg/L）	0.276	0.023	0.635[1]	0.000	−0.119	0.064
Trans/m	0.340	0.011	−0.130	0.042	0.661[1]	0.000
DO/（mg/L）	0.727[1]	0.000	0.615[1]	0.000	0.622[1]	0.000
BOD₅/（mg/L）	−0.109	0.089	0.284	0.000	−0.426[1]	0.000

续表

指标	GPP		R₂₄		Pₙ	
	r	p	r	P	r	p
IV/m	$-0.441^{②}$	0.000	$-0.498^{①}$	0.000	-0.267	0.015
TH/m	0.219	0.001	0.186	0.004	0.187	0.003
WV/（m/s）	$-0.510^{②}$	0.001	0.236	0.003	0.137	0.012
Copepod/（mg/L）	$0.574^{①}$	0.000	$0.734^{①}$	0.000	0.272	0.018
Rotifer/（mg/L）	$-0.435^{①}$	0.001	$-0.535^{①}$	0.000	-0.224	0.002
Surf clam/（g/m²）	-0.414	0.001	$-0.438^{①}$	0.001	-0.277	0.013
Shrimp/（mg/L）	0.303	0.013	$0.631^{①}$	0.000	-0.072	0.262
Crab/（g/m²）	-0.403	0.004	$-0.472^{②}$	0.000	-0.228	0.014
Carp/（g/m²）	-0.297	0.015	-0.369	0.007	-0.150	0.021
Catfish/（g/m²）	-0.319	0.012	-0.394	0.005	-0.164	0.010

注：① Correlation is significant at the 0.01 level(2-tailed).

② Correlation is significant at the 0.05 level(2-tailed).

海河河口由于同时受到淡水入流和渤海潮汐的作用，水体分层明显，上层水体与下层水体呈现不同的水质特征。本研究取上层水体和下层水体各指标的平均值。由表 6-9 可以看出，初级生产力与光强、溶解氧、桡足类生物量呈显著正相关，与风速、淡水入流水量、轮虫生物量呈负相关；群落呼吸速率与总氮、总磷、溶解氧、桡足类生物量和虾生物量呈显著正相关，与淡水入流水量、轮虫、蛤蜊和蟹类生物量呈负相关；净生产力与光强、透明度、溶解氧呈显著正相关，与生化需氧量呈负相关。综合看来，光强、营养物、淡水入流水量、浮游动物生物量均对海河河口初级生产力有重要影响。另外，因河口水动力条件复杂，水体复氧作用对初级生产力和群落呼吸速率的影响较大。

为了避免定性描述的片面性，应用多元回归分析，进一步探讨生产力指标对海河河口环境因子变化的响应。分析中需先对因变量 y 进行正态性检验，海河河口 Kolmogorov-Smirnov Test 输出结果显示因变量 y 服从正态分布。应用逐步多元回归分析方法，以选定的参数分别对 18 个指标进行逐步多元回归，依据决定系数、F 检验和 t 检验及共线性分析选出最优回归方程（表 6-10）。

表 6-10　海河河口 GPP、R_{24} 和 P_n 回归模型

指标	回归方程	R^2	e	P
GPP	$Y=-0.518-0.058X_1+0.004\ X_2-0.984X_4-1.115\times10^{-8}\ X_9$ $+0.141X_{10}+1.517X_{12}$	0.730	0.520	0.001
R_{24}	$Y=-0.899+0.002X_3-0.104X_4+5.779X_5+0.083\ X_7$ $-0.019X_8-2.050\times10^{-10}\ X_9+1.130X_{13}$	0.729	0.521	0.002
P_n	$Y=-281.387-0.025X_1+0.001X_2-0.430X_4+5.098X_5$ $+1068.712X_6-0.053X_7+1.879X_8$	0.959	0.080	<0.001

海河河口参数 $T(X_1)$、$Light\ (X_2)$、$Salinity\ (X_3)$、$TN(X_4)$、$TP(X_5)$、$Trans(X_6)$、$DO(X_7)$、$BOD_5\ (X_8)$、$IV\ (X_9)$、$TH(X_{10})$、$WV(X_{11})$、$Copepod(X_{12})$、$Rotifer(X_{13})$、$Surf\ clam\ (X_{14})$、$Shrimp(X_{15})$、$Crab(X_{16})$、$Carp(X_{17})$ 和 $Catfish(X_{18})$。在经过逐步多元回归得到的 3 个回归模型中，生产力指标的可信度都达到了 95% 以上，经 F 检验，因变量和自变量相关性达到显著水平。由表 6-10 可知，海河河口 T、$Light$、$Salinity$、TN、TP、DO、BOD_5、IV 对 GPP 和 R_{24} 贡献较大，拟合方程的决定系数分别为 0.730 和 0.729。海河河口 T、$Light$、$Salinity$、TN、TP、$Trans$、DO、BOD_5 和 IV 对 P_n 贡献较大，拟合方程的决定系数为 0.959。计算剩余因子 e，海河河口 GPP、R_{24} 对应 e 值较大，分别为 0.520 和 0.521，说明对于该特征的影响因素不仅有以上 10 个因子还有其他较大方面的影响没有考虑到，对于该特征影响因素的全面分析有待进一步研究。

为进一步明确环境因子的直接影响，以及环境因子之间的相互作用对 GPP、R_{24} 和 P_n 产生的不同效应，本研究采用通径系数分析进一步明确环境因子对 GPP、R_{24} 和 P_n 的直接和间接作用。表 6-11～表 6-13 中列出了海河河口 GPP、R_{24}、P_n 与环境因子的通径系数分析结果。

表 6-11　海河河口初级生产力与环境因子的通径系数分析

GPP	直接通径系数	间接通径系数						总计
		X_1	X_2	X_4	X_9	X_{10}	X_{12}	
X_1	-0.529		0.355	0.202	-0.154	0.043	0.013	0.104
X_2	0.558	-0.248		0.088	0.060	0.066	0.061	0.027
X_4	-0.188	0.139	-0.087		0.563	0.036	0.045	0.696
X_9	-0.175	0.063	0.035	-0.337		0.085	0.074	-0.080
X_{10}	0.541	-0.101	0.217	-0.122	0.423		0.122	0.539
X_{12}	0.075	-0.021	0.138	-0.104	0.285	0.083		0.381

由表 6-11 可以看出,环境因子对海河河口初级生产力直接影响作用的顺序为 *Light > TH > T > TN > IV >Copepod*;而总氮(X_4)对初级生产力的间接作用最大,其通过淡水入流水量(IV)对初级生产力产生了较大正值的间接作用。

表 6-12 海河河口群落呼吸速率与环境因子的通径系数分析

R_{24}	直接通径系数	间接通径系数							
		X_3	X_4	X_5	X_7	X_8	X_9	X_{13}	总计
X_3	0.022		0.406	-0.293	-0.032	0.001	-0.441	-0.246	-0.605
X_4	-0.036	-0.145		0.432	0.042	0.033	0.553	-0.364	0.989
X_5	0.690	-0.143	-0.589		0.029	0.087	0.360	0.265	0.009
X_7	0.577	-0.066	-0.237	0.120		-0.019	0.471	0.194	0.463
X_8	-0.025	0.004	-0.195	0.375	-0.020		-0.072	0.046	0.138
X_9	-0.006	-0.186	-0.651	0.311	0.099	-0.015		0.331	-0.111
X_{13}	0.174	0.192	0.793	0.423	-0.075	-0.017	-0.612		0.704

由表 6-12 可以看出,环境因子对海河河口群落呼吸速率直接影响作用的顺序为 *TP> DO > Rotifer > TN>BOD₅ >Salinity > IV*;而总氮(X_4)对群落呼吸速率的间接作用最大,其通过淡水入流水量(X_9)和总磷(X_5)对群落呼吸速率产生了较大正值的间接作用。

表 6-13 海河河口净生产力与环境因子的通径系数分析

P_n	直接通径系数	间接通径系数							
		X_1	X_2	X_4	X_5	X_6	X_7	X_8	总计
X_1	-0.370		0.229	0.06	-0.282	0.159	-0.109	-0.106	-0.049
X_2	0.280	-0.303		0.026	-0.003	0.097	-0.165	-0.050	-0.398
X_4	-0.130	0.170	-0.056		0.374	-0.072	-0.091	0.064	0.389
X_5	0.540	0.193	-0.001	-0.09		-0.198	-0.063	0.168	0.009
X_6	0.320	-0.184	0.085	0.029	-0.335		-0.116	-0.263	-0.784
X_7	-0.330	-0.122	0.140	-0.036	0.104	0.112		-0.037	0.161
X_8	0.280	0.141	-0.05	-0.03	0.324	-0.301	0.044		0.128

由表 6-13 可以看出,环境因子对海河河口净生产力直接影响作用的顺序为 *TP> T> DO> Trans >Light = BOD₅ >TN*;而 *Trans*(X_6)对系统净生产力的间接作用最大,其通过总磷(X_5)和生化需氧量(X_8)对系统净生产力产生了较大负值

的间接作用。总之，光强、营养盐、潮高和淡水入流水量是影响海河河口 GPP 最主要的环境因子，营养盐、溶解氧、盐度和淡水入流水量是影响海河河口 R_{24} 最主要的环境因子，温度、营养盐、溶解氧、透明度是影响海河河口 P_n 最主要的环境因子。与北运河、白洋淀不同，海河河口浮游动物桡足类对 GPP 产生了较大正值的间接作用，轮虫类对 R_{24} 产生了较大正值的直接作用和间接作用，说明浮游动物的摄食作用是影响海河河口 GPP 的重要因子。其他因子如氨氮、风速等对于 GPP、R_{24} 和 P_n 的直接作用及间接作用并不突出。

五、讨论

（1）海河河口 GPP 和 R_{24} 的季节变化。受到温度、水文、食物网等环境因子季节变化的影响，海河河口初级生产力和群落呼吸速率呈现季节性变化。海河河口初级生产力和群落呼吸速率分别为 $16\sim1789mg\cdot O_2\cdot m^{-2}\cdot d^{-1}$ 和 $56\sim1083mg\cdot O_2\cdot m^{-2}\cdot d^{-1}$，系统净生产力范围为 $-1046\sim1038mg\cdot O_2\cdot m^{-2}\cdot d^{-1}$。初夏 6、7月份，海河河口初级生产力和群落呼吸速率达到最高值 $1789mg\cdot O_2\cdot m^{-2}\cdot d^{-1}$ 和 $1083mg\cdot O_2\cdot m^{-2}\cdot d^{-1}$，系统净生产力也达到最高值 $1038mg\cdot O_2\cdot m^{-2}\cdot d^{-1}$。墨西哥河口（Caffrey et al., 2014）、黄河河口（Shen et al.,2015）和珠江河口（蒋万祥等，2010）初级生产力和群落呼吸速率均在夏季达到最高值。除了河口，部分湿地（Hagerthey et al., 2010）、湖泊（Staehr et al., 2007；张运林等，2004）的初级生产力和群落呼吸速率也在夏季达到最高值。因此，夏季高温促进了初级生产力和群落呼吸速率的增长。此外，夏季太阳辐射较强，光合有效辐射（$400\sim700nm$）增加，从而使其光合作用率提高（Shen et al., 2015），初级生产力达到年内最高值。光强在水体穿透深度取决于水体透明度（Fitch et al., 2014）。在海河河口，由于水动力作用较强，一方面水动力扰动会引起水下光强迅速衰减（张运林等，2004），使其最大初级生产力降低；另一方面，由于水动力扰动会引起水中悬浮物质增加，使光量和光谱质量受到限制，影响其光合产量（Obrador et al., 2008）。因此，海河河口最大初级生产力较低，低于白洋淀湖泊。Odum（1971）认为，代谢平衡反映了外界有机或无机污染物输入对系统的整体影响。Tang（2014）的研究进一步说明，悬浮有机粒子（或浊度）增加可以提高水柱中光的吸收或反射，从而降低沉水植物吸收的有效光合辐射，进而导致水生植物光合作用的降低，影响系统代谢平衡。通过促进群落呼吸速率，陆源有机物的少量输入能够促使贫营养河口转向异养状态

（Ram et al., 2003）。在春季，海河河口温度较低，光照减弱，淡水入流水量较少，但水体中营养物质增加，初级生产力降低而群落呼吸速率较高，系统呈现异养状态（参见图 6-3 和图 6-5）。在初夏 6、7 月份，海河河口温度较高，光照较强，但淡水入流水量较少，水体中营养物质浓度较低，其初级生产力高于群落呼吸速率，系统净生产力为正值，系统呈现自养状态。而在秋季，温度降低，光照减弱，淡水入流水量增大，水体营养物质浓度较低，其初级生产力仍低于群落呼吸速率，系统代谢呈异养状态，但 P_n 值高于春季。该结论与 Liu（2015）对黄河河口的研究结论一致，即除了夏季水体呈自养状态，其他季节水体均呈异养状态。这预示着在夏季，尽管有机污染物大量输入，但由于夏季高温、高营养和高有效光合辐射，河口代谢较其他季节能较快恢复到较高水平。

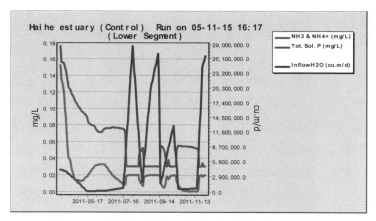

图 6-5　海河河口氨氮、总磷和淡水入流水量模拟值

（2）水动力学特性对海河河口 GPP、R_{24} 和 P_n 的影响。除了温度、光强和营养盐，河口初级生产力和群落呼吸速率还受到水动力特性的调控（宋星宇等，2004）。淡水入流水量和潮汐高度是表征河口水动力特性的重要指标。在海河河口，淡水入流水量（IV）通过海河闸控制，因此，淡水入流水量是高度变化的，尤其在枯水期。潮汐高度采用潮高（TH）表示。为了分析淡水入流水量、潮高对海河河口 GPP、R_{24} 和 P_n 的影响，将修正后的 AQUATOX 模型模拟值导出，采用 Pearson 相关性进行分析。这些分析均在 SPSS 16.0 软件中进行，分析结果见表 6-14。海河河口由于同时受到淡水入流和渤海潮汐的作用，水体分层明显，上层水体与下层水体呈现不同的水质特征。上层水体中，初级生产力与淡水入流水量呈负相关

（$p<0.01$）。下层水体中，初级生产力、群落呼吸速率和净生产力均与淡水入流水量呈显著负相关（$p<0.01$），群落呼吸速率与潮高呈显著负相关（$p<0.05$）。

表 6-14　淡水入流水量、潮汐流速与海河河口生产力指标的 Pearson 相关性分析

	上层			下层		
	GPP	R_{24}	P_n	*GPP*	R_{24}	P_n
IV/m³	$-0.471^{②}$	0.252	-0.304	$-0.559^{①}$	$-0.613^{①}$	$-0.514^{①}$
TH/m	0.135	-0.139	0.153	-0.382	$-0.449^{②}$	-0.216

注：①Correlation is significant at the 0.01 level(2-tailed).

　　②Correlation is significant at the 0.05 level(2-tailed).

1）淡水入流水量对海河河口 *GPP*、R_{24} 和 P_n 的影响。淡水入流水量对河口初级生产力和净生产力有重要影响（Azevedo et al., 2014）。高流量常常伴随着大量无机营养物、溶解性有机碳化合物和悬浮沉积物的输入，这会对系统初级生产力和群落呼吸速率产生正面或负面影响（Staehr et al., 2010b）。然而，极端流量会破坏表层沉积物的微细结构（如附着藻类）和不同营养级的食物网，致使水体呈现异养状态，且短时间较难恢复（Gerull et al., 2012）。流量强度能控制浮游植物的生长，进而影响系统初级生产力（Azevedo et al., 2008; Azevedo et al., 2014）。Azevedo（2008）通过实测研究发现欧洲杜罗河口流量与初级生产力呈负相关。而Azevedo（2014）在后来的模型研究中发现，不管较高还是较低流量强度，杜罗河口浮游藻类生物量均降低，其原因为高流量时水力停留时间较短，光可利用性较低；低流量时上游营养物和浮游藻类生物量输入较少。而稳定的流量则能提高河口浮游藻类生物量和初级生产力。Shen（2015）在对黄河河口进行研究后发现，短时高流量后河口初级生产力、群落呼吸速率，及净生产力依然较高，其原因可能是大量无机营养物的带入促进了初级生产力的增加。可以看出，在不同河口，流量大小对初级生产力、群落呼吸速率的影响不同。海河河口分层模拟结果表明（表 6-14），淡水入流水量与初级生产力、群落呼吸速率，及净生产力明显负相关，这与 Azevedo（2008）的研究结果一致。6—7 月，淡水入流水量很低，水体透明度较高，加之温度较高，光合有效辐射增加，海河河口初级生产力达最高值。7—9 月，淡水入流水量较高，引起沉积物再悬浮，尽管温度较高，但水体浑浊度增加造成水下光强迅速衰减，从而降低了河口初级生产力（张运林等，2004）。另

外，Azevedo（2010）的研究还发现，淡水入流水量增加意味着河口盐度降低，盐度的降低会使菊科植物 Borrichia frutescens 的光合速率提高，即高盐度会降低此物种的光合速率（Heinsch et al., 2004），从而影响系统净生产力。因此，淡水入流水量对初级生产力、群落呼吸速率，及净生产力的影响需要进行全面研究分析。

2）潮汐作用对海河河口 GPP、R_{24} 和 P_n 的影响。

潮汐作用是河口生态系统非常独特的水文学特征，它不仅影响河口的地下水位变化，还影响水的物理化学性质（Pennings, 1992），如盐度、浑浊度等（MacCready, 2010），进而影响生态系统功能，如河口初级生产力和呼吸速率（Nidzieko et al., 2014）。郭海强（2010）对长江河口净生产力进行研究后发现，系统净生产力的变化是由潮汐作用所引起的。在 1 月，系统净生产力在大潮、小潮之间差异较小，而且净生产力本身数值也较小，接近零；在 4 月和 7 月，大潮的初级生产力高于小潮，而且两者之间的差异较大；10 月，大小潮期间的差异明显变小。潮高与系统净生产力呈负相关，但日均白天净生产力具有较大变异性，可能是由于水淹同时影响了光合作用和呼吸作用，使得潮高与净生产力之间并不仅仅呈现出简单的线性关系。一般来说，大潮期间的系统净生产力要高于与其相对应的小潮期间的净生产力（syed et al., 2006）。而河口净生产力大于 0 或小于 0 则取决于潮汐作用。当大潮转变为小潮时，生态系统呈现自养状态，$P_n>0$；当小潮转变为大潮时，生态系统呈现异养状态且达到最高值，$P_n <0$（Nidzieko et al., 2014）。此外，潮汐作用能降低系统呼吸速率，尤其是在生长季；然而，与其他不受潮汐作用影响的湿地相比，河口湿地可以通过潮汐作用向近海输送大量有机物质，同样，近海也可以向河口输送大量有机质（Turner et al., 1979），有机质最终通过呼吸作用以 CO_2 形式返还给大气。

除了直接影响系统净生产力，潮汐作用还通过环境因子间接作用于净生产力。本研究中海河河口潮高与下层水体群落呼吸速率呈负相关。在混合层上层，不管涨潮还是退潮，尽管水体扰动比较强烈，浮游藻类的光合速率和呼吸速率受到的影响较下层小，因而与潮高的相关性不显著。下层水体中，潮高越高，水体浑浊度越高，水下光衰减强烈，在深处浮游藻类的光合速率和呼吸速率受到的抑制作用越强，混合层下层光合作用明显小于上层（Heinsch et al., 2004; Liess et al., 2015; 张运林等，2004）。但是目前并没有直接测定不同潮高时水柱中光合作用和呼吸速率的变化，因此此推断还需进一步的实验验证。

六、小结

本研究应用 AQUATOX 模型模拟了春、夏、秋季海河河口 GPP、R_{24} 和 P_n，辨析了影响 GPP、R_{24} 和 P_n 的主要环境因子，探讨了淡水入流水量、潮高对 GPP、R_{24} 和 P_n 的影响。结果表明，在夏季，GPP、R_{24} 和 P_n 均达到最高值，且系统呈现自养状态。在春季，系统初级生产力远小于群落呼吸速率，系统为异养状态。在秋季，系统初级生产力仍小于群落呼吸速率，系统代谢呈异养状态，但 P_n 值高于春季。

敏感性分析表明，海河河口初级生产力和群落呼吸速率均对浮游绿藻最适宜温度最敏感，说明绿藻对海河河口初级生产力、群落呼吸速率贡献较大。逐步多元回归分析和通径系数分析进一步表明，光强、营养盐、淡水入流水量和溶解氧是影响海河河口 GPP、R_{24} 和 P_n 的主要环境因子。环境因子对海河河口初级生产力直接影响作用的顺序为 $Light > TH > T > TN > IV > Copepod$，而总氮对初级生产力的间接作用最大。环境因子对海河河口群落呼吸速率直接影响作用的顺序为 $TP > DO > Rotifer > TN > BOD_5 > Salinity > IV$，而总氮对群落呼吸速率的间接作用最大。环境因子对海河河口净生产力直接影响作用的顺序为 $TP > T > DO > Trans > Light = BOD_5 > TN$，而 $Trans$ 对系统净生产力的间接作用最大。光强和淡水入流水量对海河河口初级生产力和群落呼吸速率的直接作用比较突出。6—7 月，淡水入流水量很低，海河河口初级生产力达到最高值。7—9 月，淡水入流水量较高，海河河口初级生产力达到最低值。潮高与混合层下层水体群落呼吸速率呈负相关。潮高较高时，下层水体因扰动强烈，光合速率和呼吸速率受到抑制。海河河口因水作用机制复杂，除了温度、光照等季节性因素，淡水入流水量和潮高水动力因素，可能还有其他环境因素没有考虑到，需要在以后进一步深入研究。

参考文献

[1] 吴德星，牟林，李强，等. 渤海盐度长期变化特征及可能的主导因素[J]. 自然科学进展，2004, 14(2): 191-194.

[2] 陈伟明，黄翔飞，周万平，等. 湖泊生态系统观测方法[M]. 北京：中国环境科学出版社，2005: 17-37.

[3] Berglund B E. Handbook of Holocene Palaeoecology and Palaeohydrology [Z]. Geobios, 1986: 527-570.

[4] 金德祥，程兆第，林钧民，等. 中国海洋底栖硅藻类（上）[M]. 北京：海洋出版社，1982.

[5] 金德祥，程兆第，刘师成，等. 中因海洋底栖硅藻类（下）[M]. 北京：海洋出版社，1991.

[6] 郭玉洁，钱树本. 中国海藻志[M]. 北京：科学出版社，2003.

[7] Gaudette H E, Flight W R, Toner L, et al. An inexpensive titration method for the determination of organic carbon in recent sediments[J]. Journal of Sedimentary Research, 1974, 44(1): 249-253.

[8] 李玉山，肖向红. 海河干流河口水流与泥沙运动特性的初步分析[J]. 海河水利，1985, 4: 47-55.

[9] 张萍，刘宪斌，李宝华，等. 海河干流浮游植物群落结构特征研究[J]. 淡水渔业，2015, 45(4): 41-48.

[10] 蔡琳琳，朱广伟，李向阳. 太湖湖岸带浮游植物初级生产力特征及影响因素[J]. 生态学报，2013, 33(22): 7250-7258.

[11] 蒋万祥，赖子尼，庞世勋，等. 珠江口叶绿素 a 时空分布及初级生产力[J]. 生态与农村环境学报，2010, 26 (2): 132-136.

[12] Hitchcock G L, Kirkpatrick G, Minnett P, et al. Net community production and dark community respiration in a Karenia brevis (Davis) bloom in West Florida coastal waters, USA[J]. Harmful Algae, 2010, 9(4): 351-358.

[13] Caffrey J M. Production, Respiration and net ecosystem metabolism in U.S. estuaries[J]. Environmental Monitoring and Assessment, 2003, 81(1): 207-219.

[14] Nidzieko N J, Needoba J A, Monismith S G, et al. Fortnightly tidal modulations affect net community production in a mesotidal estuary[J]. Estuaries and Coasts, 2014, 37 (Suppl 1): S91-S110.

[15] Azevedo I C, Duarte P M, Bordalo A A. Pelagic metabolism of the Douroestuary (Portugal)-factors controlling primary production[J]. Estuarine Coastaland Shelf Science, 2006, 69(1-2):133-146.

[16] 孙涛，沈小梅，刘方方，等. 黄河口径流变化对生态系统净生产力的影响研究[J]. 环境科学学报，2011, 31(6): 1311-1319.

[17] Caffrey J. M, Murrell M C, Amacker K S, et al. Seasonal and inter-annual patterns in primary production, respiration, and net ecosystem metabolism in three estuaries in the northeast gulf of Mexico[J]. Estuaries Coasts, 2014,37 (1): 222-241.

[18] Shen X M, Sun T, Liu F F, et al. Aquatic metabolism response to the hydrologic alteration in the Yellow River estuary, China[J]. Journal of Hydrology, 2015, 525:42-54.

[19] Hagerthey S E, Cole J J, Kilbane D. Aquatic metabolism in the everglades: dominance of water column heterotrophy[J]. Limnology and Oceanography, 2010, 55 (2): 653-666.

[20] Staehr P A, Sand-Jensen K. Temporal dynamics and regulation of lake metabolism[J]. Limnology and Oceanography, 2007, 52(1):108-120.

[21] 张运林，秦伯强，陈伟民，等. 太湖梅梁湾浮游植物叶绿素 a 和初级生产力[J]. 应用生态学报，2004, 15 (11)：2127-2131.

[22] Fitch K, Christine K. Solar radiation and photosynthetically active radiation. Fundamentals of Environmental Measurements[M]. Fairborn: Fondriest Environmental, inc, 2014.

[23] Obrador B, Pretus J L. Light regime and components of turbidity in a Mediterranean coastal lagoon[J]. Estuar. Coastal and Shelf Science, 2008, 77(1): 123-133.

[24] Odum E P. Halophytes, Energetics and Ecosystems[J]. Ecology of Halophytes, 1974, 599-602.

[25] Tang S, Sun T, Shen X M, et al. Modeling net ecosystem metabolism influenced by artificial hydrological regulation: an application to the Yellow River Estuary, China[J]. Ecological Engineering, 2015, 76:84-94.

[26] Ram A S P, Nair S, Chandramohan D. Seasonal shift in net ecosystem production in a tropical estuary[J]. Limnology and Oceanography, 2003, 48(4):1601-1607.

[27] Liu S M. Response of nutrient transports to watersediment regulation events in the Huanghe basin and its impact on the biogeochemistry of the Bohai[J]. Journal of Marine Systems, 2015, 141:59-70.

[28] 宋星宇，黄良民，石彦荣. 河口、海湾生态系统初级生产力研究进展[J]. 生态科学，2004, 23(3): 265-269.

[29] Azevedo I C, Bordalo A A, Duarte P M. Influence of freshwater inflow variability on the Douro estuaryprimary productivity: A modelling study[J]. Ecological Modelling, 2014, 272: 1-15.

[30] Staehr P A, Sand-Jensen K, Raun A L, et al. Drivers of metabolism and net heterotrophy in contrasting lakes[J]. Limnology and Oceanography, 2010b. 55(2): 817-830.

[31] Gerull L, Frossard A, Mark O G, et al. Effects of shallow and deep sediment disturbance on whole-stream metabolism in experimental sand-bed flumes[J]. Hydrobiologia, 2012, 683 (1): 297-310.

[32] Azevedo I C, Duarte P M, Bordalo A A. Understanding spatial and tem-poral dynamics of key environmental characteristics in a mesotidal Atlanticestuary (Douro, NW Portugal)[J]. Coastal and Shelf Science, 2008, 76(3):620-633.

[33] Azevedo I C, Bordalo A A, Duarte P M. Influence of river discharge pat-terns on the hydrodynamics and potential contaminant dispersion in the Douroestuary (Portugal)[J]. Water Research, 2010a, 44(10): 3133-3146.

[34] Heinsch F A, Heilman J L, Melnnes K J, et al. Carbon dioxide exchange in a high marsh on the Texas Gulf Coast: Effects of Freshwater availability[J]. Agricultural and Forest Meteorology, 2004, 125(1-2):159-172.

[35] Pennings S C, Callaway R M. Salt marsh plant zonation: The relative importance of competition and physical factors[J]. Ecology, 1992, 73(2):681-690.

[36] MacCready P, Geyer W R. Advances in estuarine physics[J]. Annual Review of Marine Science, 2010, 2(1): 35-58.

[37] 郭海强. 长江河口湿地碳通量的地面监测及遥感模拟研究[D]. 上海：复旦大学博士学位论文，2010.

[38] Syed K H, Flanagan L B, Carlson P J, et al. Environmental Control of net ecosystem CO2 exchange in a treed, moderately rich fen in northern Alberta[J]. Agricultural and Forest Meteorology, 2006, 140(1-4):97-114.

[39] Turner R E, Woo S W, Jitts H R. Estuarine influences on a continental-shelf Plankton community[J]. Science, 1979, 206(4415):218-220.

[40] Liess A, Faithfull C, Reichstein B, et al. Terrestrial runoff may reduce microbenthic net community productivity by increasing turbidity: a Mediterranean coastal lagoon mesocosm experiment[J]. Hydrobiologia, 2015, 753(1): 205-218.

第七章　典型湿地功能空间变化及环境影响机制

北运河、白洋淀和海河河口均位于海河流域，纬度相近，同属于温带季风气候区。三个湿地年均气温均在 1.5～14℃，年均降水量相近，均为 539mm，均属半湿润半干旱地带。但三者环境的开放性和水体交换特征有明显区别。北运河是北京周边城市河流，白洋淀是比较封闭的内陆浅水湖泊，海河河口是海河水系的入海口，因此三者在生物群落组成、分布、生产机制，及与环境的相互影响机制上均存在很大差异，从而使生态系统功能存在较大差异。本章基于第四、五、六章的研究，采用验证后的 AQUATOX 模型，对北运河、白洋淀和海河河口 GPP、R_{24}、P_n 进行差异分析，揭示流域内三个生态单元水质、水量和生物环境因子差异，确定不同生态单元 GPP、R_{24}、P_n 与环境的影响机制。其中，三个生态单元水质以综合水质指数（Water Quality Index，WQI）表示，水动力指标采用水体流速。

一、典型湿地功能差异

对验证后的 AQUATOX 模型模拟的北运河、白洋淀、海河河口 GPP、R_{24} 和 P_n 进行分析，并通过方差分析 ANOVA 比较典型湿地生产力指标的差异。该分析在 SPSS16.0 软件中进行，结果见表 7-1。ANOVA 结果表明，生态系统 GPP、R_{24} 和 P_n 在不同湿地具有显著差异。进一步通过 Post Hoc Test 采用 Dunnett T3 对组间差异进行比较（图 7-1）。结果显示，三个湿地初级生产力存在较大差异，北运河和白洋淀各点变化较大，均值分别为 1.81gO$_2$·m^{-2}·d^{-1} 和 2.64gO$_2$·m^{-2}·d^{-1}，海河河口没有显著差异，均值 0.34g·O$_2$·m^{-2}·d^{-1}，三个湿地初级生产力分别为白洋淀>北运河>海河河口。生态系统呼吸速率在三个湿地生态单元间差异显著，北运河各点变化较大，白洋淀居中，海河河口差异最小，其群落呼吸速率均值分别为 4.22g·O$_2$·m^{-2}·d^{-1}、4.31g·O$_2$·m^{-2}·d^{-1} 和 0.25g·O$_2$·m^{-2}·d^{-1}，三个生态单元群落呼吸速率分别为白洋淀>北运河>海河河口。相对于北运河、白洋淀初级生产力和群落呼吸速率，它们的净生产力年际差异较小，均值分别为-2.64g·O$_2$·m^{-2}·d^{-1} 和

$-1.67\mathrm{g}\cdot\mathrm{O_2}\cdot\mathrm{m^{-2}}\cdot\mathrm{d^{-1}}$，海河河口净生产力无显著差异，其均值为 $0.09\mathrm{g}\cdot\mathrm{O_2}\cdot\mathrm{m^{-2}}\cdot\mathrm{d^{-1}}$，高于北运河和白洋淀。

表 7-1　海河流域典型湿地 GPP、R_{24} 和 P_n 方差分析

因变量	df	F	Sig
GPP	2	9.588	0.012
R_{24}	2	5.191	0.028
P_n	2	87.857	0.000

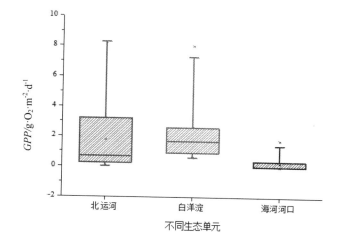

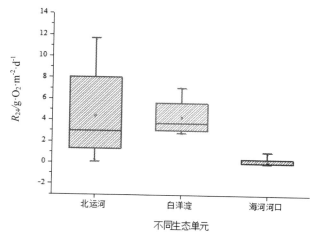

图 7-1　海河流域典型湿地 GPP、R_{24} 和 P_n 变化

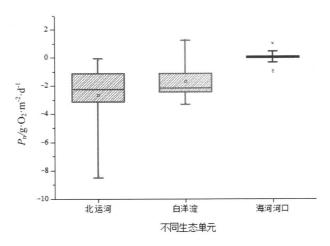

图 7-1　海河流域典型湿地 GPP、R_{24} 和 P_n 变化（续图）

生态系统 GPP、R_{24} 和 P_n 在海河流域不同湿地存在显著差异。北运河和白洋淀因含有大量营养物质，水深较浅，流速很缓，其初级生产力显著高于海河河口。但由于北运河是北京和天津排污河流，接受大量有机污染物质，微生物降解有机污染物需消耗大量氧气，导致其群落呼吸速率较高，尤其在夏季，高于白洋淀和海河河口。因有机污染物的大量输入，北运河和白洋淀生态系统处于异养状态，它们的初级生产力小于群落呼吸速率，系统净生产力小于零。不同的是，在夏季，白洋淀浮游藻类、底栖藻类和大型水生植物大量生长，生物量和初级生产力达到最高，高于群落呼吸速率，净生产力为正值，系统处于自养状态。而海河河口虽然接受上游大量污染物质，但由于海水稀释作用，其有机物质浓度降低，呼吸速率低于北运河和海河河口，净生产力接近于零。

二、典型湿地功能与综合水质指数相关性

（1）典型湿地综合水质指数。良好的水质对湿地功能的维持发挥重要作用（Srebotnjak et al., 2012）。为了评价水质，许多国家启动研究计划监测和评价水质（Zampella et al., 2006; Simoes et al., 2008）。由于我国水质监测数据评价通常以最差水质指标所属类别作为综合水质类别，因此评价结论突出强调最大超标因子的作用，一定程度上忽视了其他水质因子的状态。综合水质指数综合考虑了多个水质指标，在数学运算所得数据的基础上，依据设定标准判断水体所处状态，在水

质分析方面获得广泛应用（Sánchez et al., 2007）。本研究中采用 Štambuk-Giljanović
（2003）提出的 WQI 计算方法对各监测断面水质状态进行评价。

WQI 计算公式为：

$$WQI_{Sub} = k \frac{\sum_{i=1}^{n} C_i P_i}{\sum_{i=1}^{n} P_i} \qquad (7-1)$$

其中，n 为水质指标个数；C_i 为标准化后 i 指标的分数，范围为 0～100；P_i 为 i
指标对应的权重（表 7-2）；P_i 值范围在 1～4 之间，将指标的重要性划分为 4 等，
数值越大表示指标越重要。k 为常数，反映对水体污染的感官印象，数值范围为
0.25～1。0.25 表示高污染，发黑发臭；1 表示看起来澄清，水质良好。

首先按照表 7-2 确定各水质指标标准化分数（C_i）和相对权重（P_i），C_i 范围
的确定参考了 GB3838－2002 的分类，P_i 的划分则参考了国内外相关研究（Pesce,
2000; Debels et al., 2005; Sánchez et al., 2007; Ma et al., 2013）。由于 WQI_{sub} 容易因 k
值判断的主观因素过高估计污染状况，在本研究中，不考虑 k 值的变化，使用 $k=1$
计算 WQI，即将监测期间水质指标标准化处理，水体综合水质指数值由式（7-2）
进行计算：

$$WQI = \frac{\sum_{i=1}^{n} C_i P_i}{\sum_{i=1}^{n} P_i} \qquad (7-2)$$

如果 WQI 为 0～25，表示水体质量"非常差"；如果为 26～50，表示水体质
量"差"；如果为 51～70，表示水体质量"中等"；如果为 71～90 和 91～100，则
表示水体质量为"好"和"非常好"（Jonnalagadda, 2001）。

表 7-2　不同水质指标 P_i 和 C_i 值

参数	P_i	C_i					
		100	80	60	40	20	0
$T/℃$	1	21/16	24/14	28/10	32/0	40/4	45/6
pH	1	7	7～8.5	6.5～7	5.0～10	3.0～12.0	1～14.0
$Tran/cm$	2	≥200	≥150	≥100	≥80	≥60	<50
$DO/$（mg/L）	4	≥7.5	≥6	≥5	≥3	≥2	<1
$COD_{Mn}/$（mg/L）	3	≤2	≤4	≤6	≤10	≤15	>20
$BOD_5/$（mg/L）	3	≤2	≤3	≤4	≤6	≤10	>12

续表

参数	P_i	C_i					
		100	80	60	40	20	0
TP/（mg/L）	2	≤0.01	≤0.025	≤0.05	≤0.10	≤0.20	>0.30
NH_4^+/（mg/L）	3	≤0.15	≤0.50	≤1.00	≤1.50	≤2.00	>3.00
TN/（mg/L）	2	≤0.20	≤0.50	≤1.50	≤3.00	≤4.00	>5.00
Oil/（mg/L）	2	≤0.01	≤0.02	≤0.05	≤0.50	≤1.00	>2.00
LAS/（mg/L）	4	≤0.05	≤0.10	≤0.20	≤0.25	≤0.30	>0.50
$Ecoli$/（10^4 colonies /L）	2	≤0.02	≤0.20	≤1.00	≤2.00	≤4.00	>5.00

北运河、白洋淀和海河河口的水质特征参数见表 4-2、表 5-2 和表 6-2。从这些表中可以看出，pH 值在各生态单元基本保持恒定。除了 pH 值和温度，所有生态单元测定水质指标超出《地表水环境质量标准》（GB 3838－2002）Ⅲ级标准，北运河部分水质指标甚至超出 Ⅴ 级标准。很显然，海河流域有机污染严重。

海河流域三个生态单元不同季节 WQI 值差别较大。北运河 WQI 值最低，范围为 26.2～38.5，表示水体质量"差"。白洋淀 WQI 值最高，范围为 78.3～83.1，表示水体质量"好"。海河河口 WQI 值居中，范围为 41.3～51.7，表示水体质量"差"，水质较好时为"中"。$ANOVA$ 结果表明，WQI 值在不同生态单元具有显著差异，F 值为 51.56，p 值为 0.098。进一步通过 $Post\ Hoc\ Test$ 采用 $Dunnett\ T3$ 对组间差异进行比较，结果如图 7-2 所示。

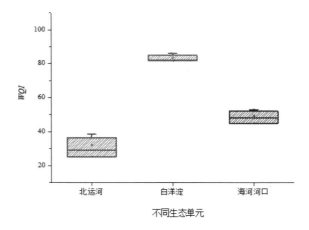

图 7-2　海河流域典型湿地 WQI 值

结果表明，海河流域三个生态单元 WQI 值为白洋淀>海河河口>北运河，即白洋淀水质最好，海河河口居中，北运河最差。海河流域三个生态单元水质的季节差异明显。北运河水质为秋季>春季>夏季；白洋淀水质季节变化与北运河相似，均为秋季>春季>夏季（Yan et al., 2014）；海河河口水质变化与北运河、白洋淀不同，夏季水质优于秋季和春季。

（2）典型湿地净生产力与综合水质指数相关性分析。将海河流域典型湿地 GPP、R_{24}、P_n 与 WQI 进行 Pearson 相关性分析，结果显示除海河河口外，北运河和白洋淀所有的指标均与综合水质指数在 $\alpha=0.01$ 的水平上显著相关。进一步通过回归分析确定相关性检验结果（图 7-3），可以看出，北运河和白洋淀 GPP、R_{24}、P_n 对 WQI 均有很好的响应（$p<0.05$）。海河河口相关性不显著（$p>0.05$）。其中，北运河 GPP、R_{24} 与 WQI 符合二次多项式方程，GPP 和 R_{24} 在水质较差时基本稳定，然后随水质变好逐步提升；P_n 与 WQI 呈线性负相关关系；北运河 GPP、R_{24} 和 P_n 的决定系数 R^2 分别为 0.519、0.607 和 0.486。白洋淀 GPP 与 WQI 呈线性负相关关系，水质越好，该指标越低；R_{24} 和 P_n 符合二次多项式方程，群落呼吸速率随水质变好先快速下降后逐步稳定；净生产力随水质变好先快速上升，后趋于稳定；GPP、R_{24} 和 P_n 的决定系数 R^2 分别为 0.443、0.665 和 0.404。海河河口 GPP、R_{24} 和 P_n 的决定系数 R^2 分别为 0.434、0.443 和 0.352。

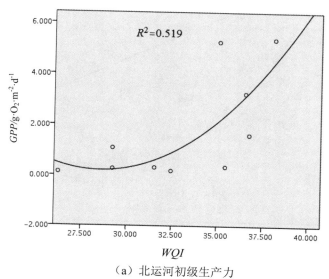

（a）北运河初级生产力

图 7-3　海河流域典型湿地 GPP、R_{24}、P_n 与 WQI 回归分析

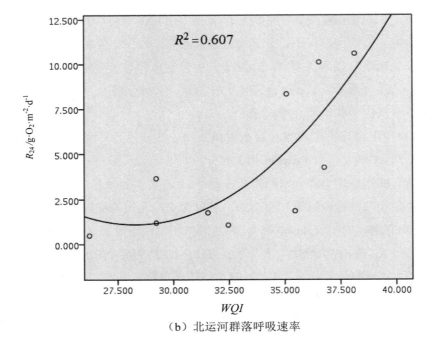

（b）北运河群落呼吸速率

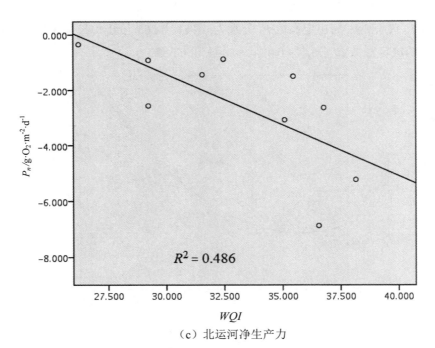

（c）北运河净生产力

图 7-3　海河流域典型湿地 GPP、R_{24}、P_n 与 WQI 回归分析（续图）

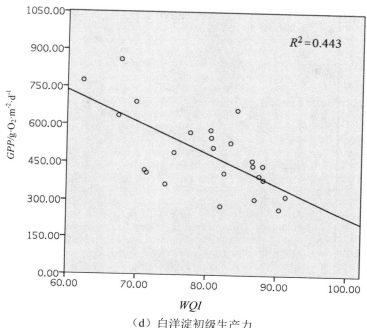

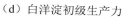

（d）白洋淀初级生产力

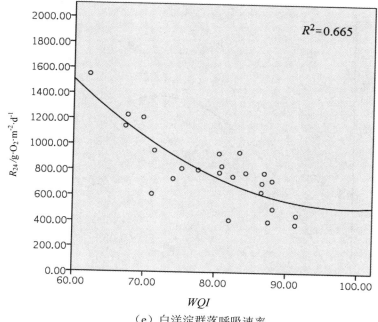

（e）白洋淀群落呼吸速率

图 7-3　海河流域典型湿地 *GPP*、*R*₂₄、*P*ₙ 与 *WQI* 回归分析（续图）

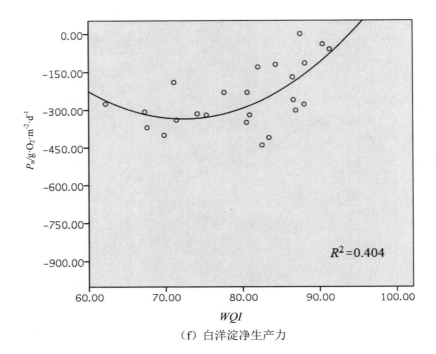

（f）白洋淀净生产力

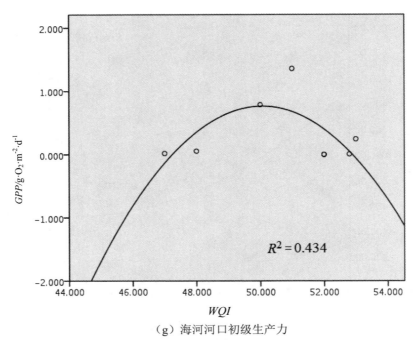

（g）海河河口初级生产力

图 7-3　海河流域典型湿地 GPP、R_{24}、P_n 与 WQI 回归分析（续图）

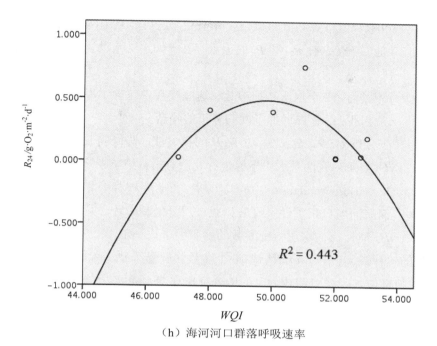

（h）海河河口群落呼吸速率

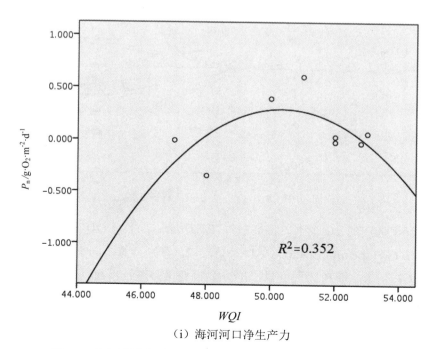

（i）海河河口净生产力

图 7-3　海河流域典型湿地 *GPP*、*R*$_{24}$、*P*$_n$ 与 *WQI* 回归分析（续图）

整体说来，拟合值与观测值的拟合度并不高，这可能是由两个原因引起的：

1）仍有其他影响 GPP、R_{24} 和 P_n 的因素存在，如水文水动力条件、生物捕食作用等。

2）WQI 中包含了 12 个水质特征参数、这些参数中包含了不显著影响生产力指标的因子，这些因子的存在增加了回归分析的噪音。

为了进一步分析 GPP、R_{24}、P_n 与 WQI 的相关性，降低回归分析的干扰，本研究采用 $CANOCO$ 4.5 软件对水质指标进行冗余分析。结果表明，白洋淀所有水质因子经 Monte Carlo permutation 检验与 GPP、R_{24} 和 P_n 显著相关，北运河也显示重要相关，而海河河口相关性不显著。通过反复增减参数，从白洋淀环境因子中剔除 pH、NH_4^+ 时所有的水质特征参数的膨胀因子均小于 10，且其对 GPP、R_{24} 和 P_n 变化的解释最大（图 7-4）。所选 10 个参数共解释了 93.6% 的附着生物 GPP、R_{24} 和 P_n 总特征值，因此能够较为全面地表征白洋淀水质状况。

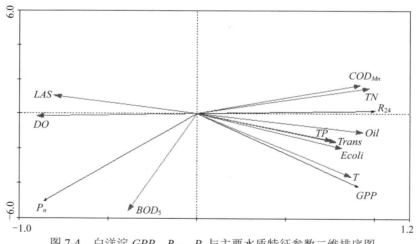

图 7-4　白洋淀 GPP、R_{24}、P_n 与主要水质特征参数二维排序图

以白洋淀选定的 10 个水质特征参数 T、$Trans$、DO、COD_{Mn}、BOD_5、TP、TN、Oil、LAS 和 $Ecoli$，按照式（7-1）和表 7-2，分别计算不同季节白洋淀 WQI，并分别以 GPP、R_{24} 和 P_n 为因变量，WQI 为自变量，进一步通过逐步多元回归分析确定相关性检验结果。由图 7-5 可以看出，去除部分参数后，GPP、R_{24} 和 P_n 对 WQI 相关性显著提高（$p<0.01$）。GPP 与 WQI 呈线性负相关，R_{24}、P_n 和 WQI 呈二次多项式方程相关，GPP、R_{24} 和 P_n 的拟合值与观测值接近，可以较好地反

映其特征对 WQI 的响应。拟合方程的决定系数 R^2 分别为 0.675、0.769 和 0.582。北运河经反复增减参数，从环境因子中剔减部分因子后计算其 WQI，发现 WQI 与 GPP、R_{24} 和 P_n 相关性提高不明显，而海河河口则基本没有提高，即北运河 GPP、R_{24}、P_n 对 WQI 相关系数 $p<0.05$，海河河口 GPP、R_{24}、P_n 对 WQI 相关系数 $p>0.05$。因此，GPP、R_{24} 和 P_n 能反映湿地水质状态为湖泊>河流>河口。河口湿地因水动力条件复杂，其对于水质状态响应相对不敏感。

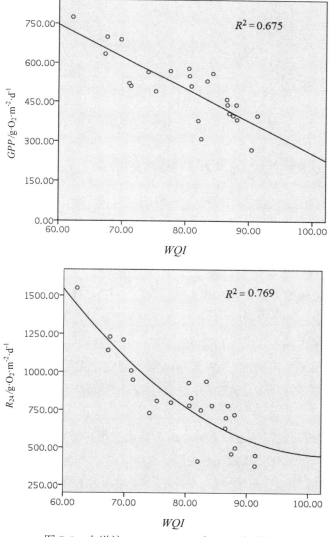

图 7-5　白洋淀 GPP、R_{24}、P_n 与 WQI 相关性分析

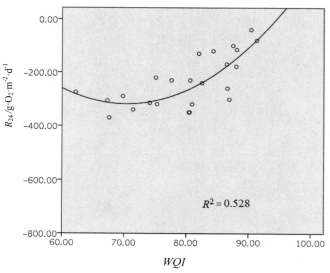

图 7-5 白洋淀 GPP、R_{24}、P_n 与 WQI 相关性分析（续图）

三、典型湿地净生产力与水动力学特性相关性

（1）典型湿地功能与水量相关性。海河流域河流、湖泊、河口流量主要受流域气候环境和上游河道来水控制，年内变化显著。三个生态单元 GPP、R_{24} 与水量关系如图 7-6 所示。可以看出，北运河 GPP、R_{24} 与水量季节变化一致，呈正相关。4—5 月，北运河水量较少，其 GPP 和 R_{24} 也较低；6—8 月，受季节性降雨影响，北运河水量较多，其 GPP 和 R_{24} 也较高；9—11 月，北运河水量减少，其 GPP 和 R_{24} 也降低。白洋淀 GPP、R_{24} 与水量季节变化正好相反，呈负相关。7—8 月，白洋淀水量年内最低，其 GPP、R_{24} 最高；11—次年 4 月，白洋淀水量较多，GPP 和 R_{24} 年内最低。海河河口 GPP、R_{24} 与水量变化无明显相关性。5—7 月，海河河口水量较高，GPP、R_{24} 也较高；8—11 月，海河河口水量变化不规律，GPP、R_{24} 年内最低。

（2）典型湿地功能与流速相关性。由于沿途闸坝拦截作用，北运河水体流速较缓，表面流速介于 0.002～0.321m/s 之间。白洋淀湖泊由于其水体相对封闭特征，流速缓慢。海河河口由于同时受到海水冲刷及陆源输入的作用，水动力特征显著。三个生态单元 GPP、R_{24}、P_n 与流速相关性如图 7-7 所示。

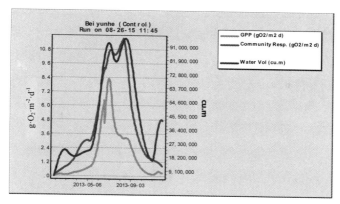

（a）北运河

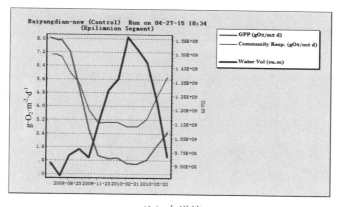

（b）白洋淀

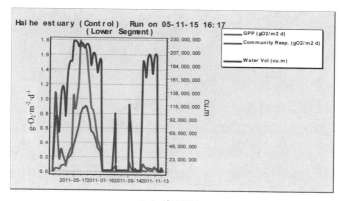

（c）海河河口

图 7-6　海河流域典型生态单元 GPP、R_{24} 与水量相关性

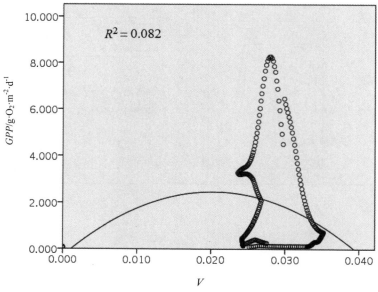

（a）北运河初级生产力

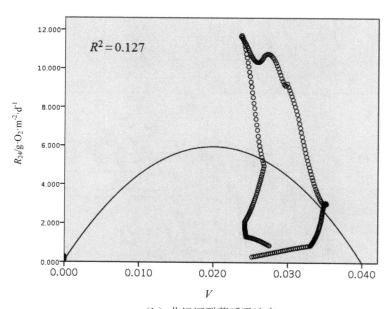

（b）北运河群落呼吸速率

图 7-7　海河流域典型生态单元 GPP、R_{24}、P_n 与流速相关性

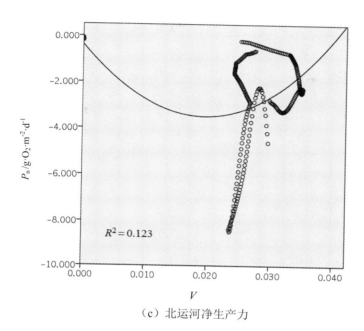

（c）北运河净生产力

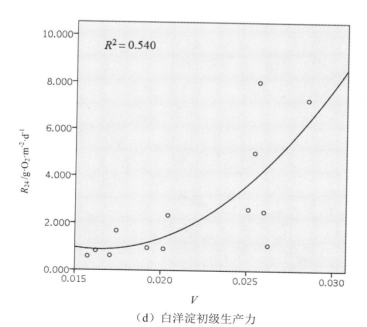

（d）白洋淀初级生产力

图 7-7　海河流域典型生态单元 GPP、R_{24}、P_n 与流速相关性（续图）

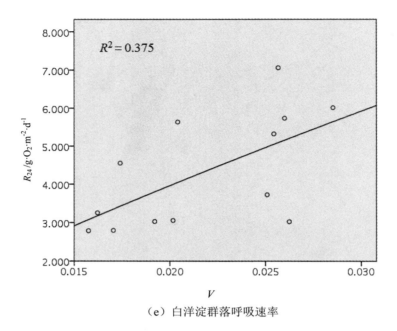

（e）白洋淀群落呼吸速率

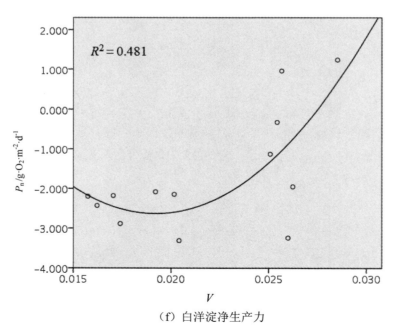

（f）白洋淀净生产力

图 7-7　海河流域典型生态单元 *GPP*、R_{24}、P_n 与流速相关性（续图）

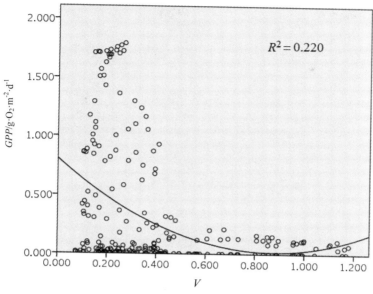

（g）海河河口初级生产力

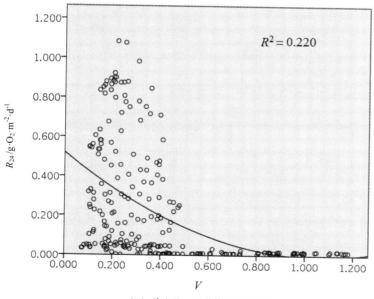

（h）海河河口群落呼吸速率

图 7-7　海河流域典型生态单元 GPP、R_{24}、P_n 与流速相关性（续图）

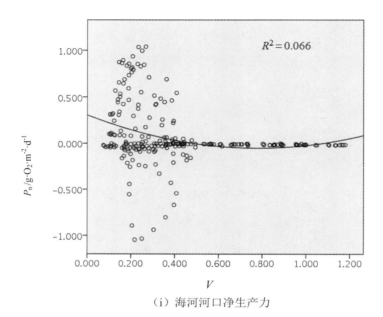

（i）海河河口净生产力

图 7-7   海河流域典型生态单元 *GPP*、R_{24}、P_n 与流速相关性（续图）

由图 7-7 可以看出，北运河 *GPP*、R_{24}、P_n 与水体流速无明显相关。白洋淀 *GPP*、P_n 与水体流速显著相关，海河河口 *GPP* 与水体流速重要相关，但均非线性相关，且拟合值与观测值的拟合度并不高。随流速增大，海河河口 *GPP* 有降低趋势。

四、典型湿地功能与水生动物生物量相关性

食物网是湿地多种生物及其营养关系的网络，水质水量等环境因素的变化会导致湿地食物网和种间关系的相应改变，从而影响湿地 *GPP*、R_{24} 和 P_n。浮游动物、底栖无脊椎动物、鱼类通过摄食作用增加其自身生物量，也影响着湿地净生产力。浮游动物生物量（*Pelagicbiomass*）、底栖无脊椎动物生物量（*Benthicbiomass*）、鱼类生物量（*Fishbiomass*）与海河流域典型湿地 *GPP*、R_{24}、P_n 的 Pearson 相关性分析见表 7-3。

表 7-3   海河流域典型湿地 *GPP*、R_{24}、P_n 与水生动物生物量的 Pearson 相关性分析

湿地类型	生物量	*GPP*	R_{24}	P_n
	Pelagicbiomass	0.582[①]	0.804[①]	−0.849[①]
北运河	Benthicbiomass	−0.056	0.128	−0.286
	Fishbiomass	0.227	0.430	−0.539[②]

续表

湿地类型	生物量	GPP	R_{24}	P_n
白洋淀	Pelagicbiomass	0.646[②]	0.925[①]	0.180
	Benthicbiomass	−0.275	−0.535	0.065
	Fishbiomass	0.797[①]	0.898[①]	0.469
海河河口	Pelagicbiomass	0.470[②]	0.604[①]	−0.102
	Benthicbiomass	−0.434	−0.469[②]	−0.282
	Fishbiomass	−0.007	0.022	−0.030

注：①Correlation is significant at the 0.01 level(2-tailed).

②Correlation is significant at the 0.05 level(2-tailed).

由表 7-3 可知,在北运河、白洋淀和海河河口,浮游动物生物量均与系统 GPP、R_{24} 重要相关,说明浮游动物摄食作用对系统 GPP、R_{24} 有重要影响。白洋淀鱼类生物量与湿地 GPP、R_{24} 重要相关。

五、讨论

（1）典型湿地初级生产力的构成。浮游藻类、底栖藻类和大型水生植物均为初级生产者的重要组成部分,它们均处于食物链的始端,是湿地有机物质生产的主要贡献者。在不同湿地,这些初级生产者的初级生产力不同,其对系统初级生产力的贡献也不同。由于大量闸坝的拦截蓄水,北运河水深较浅,底栖藻类和大型水生植物生物量较高。浮游藻类生物量为 0.043～1.022mg/L（干重）,底栖藻类生物量 0.019～0.59g/m² （干重）,大型水生植物 0.6～5.239g/m² （干重）;但这三类生产者对初级生产力的贡献不同。由第四章可知,浮游植物对北运河初级生产力的直接作用贡献最大,底栖藻类次之,大型水生植物贡献最小。白洋淀的模拟时间为 2009 年 7 月至 2010 年 6 月,其中在 7、8 月份,由于蒸发量大,补充水量少,白洋淀沿岸水位不足 1m,底栖藻类生物量与浮游藻类生物量达到全年最高值,分别为 2.36 mg/L（干重）和 2.45 g/m² （干重）,大型水生植物生物量高于底栖藻类和浮游藻类生物量之和 （图 5-3）, 白洋淀初级生产力达最高值 8012mg·O$_2$·m^{-2}·d^{-1}。根据初级生产力实测值, 底栖藻类初级生产力最高值为 950.3mg·O$_2$·m^{-2}·d^{-1}, 低于白洋淀浮游藻类最高值 5150.7 mg·O$_2$·m^{-2}·d^{-1}。就生物量而言, 尽管 1m² 底栖藻类与 1m³ 浮游藻类的生物量相当, 但 1m² 底栖藻类的初级

生产力却低于 $1m^3$ 浮游藻类初级生产力，其原因主要为浮游藻类均匀分散在水体中，分布空间相对较大，且位于水体上层，可通过改变在水体中位置，从而获得充分的光照和丰富的营养物质，而底栖藻类群落的细胞堆积为一个薄层，且位于水体下层，获得光照和营养物质相对较少（Hill, 1991; Rodríguez et al., 2012）。因此，在一个富营养化的藻型湖泊白洋淀中，底栖藻类的初级生产力低于浮游藻类初级生产力。白洋淀大型水生植物的生物量高于浮游藻类和底栖藻类生物量，具有较高的固碳能力和释放 O_2 的能力（刘佩佩等，2013）。本研究仅测定了浮游藻类和底栖藻类的初级生产力，其总和低于 AQUATOX 模型模拟值，模拟值与实测值之差为 1911 $mg·O_2·m^{-2}·d^{-1}$。根据 AQUATOX 模型计算总初级生产力理论（$GPP_总 = GPP_{藻类} + GPP_{大型植物}$），则 $GPP_{大型植物}$≈1911 $mg·O_2·m^{-2}·d^{-1}$。白洋淀浮游藻类的初级生产力高于大型水生植物、底栖藻类初级生产力。

由于河流径流和渤海潮汐的影响，海河河口水体透明度较白洋淀低，同时水深较深，最深处可达 15m，透明度的降低减弱了光的穿透力，使底栖藻类初级生产力降低（汪益嫔等，2011）。海河河口底栖藻类生物量远低于浮游藻类生物量，也低于大型水生植物生物量。海河河口浮游藻类、底栖藻类、大型水生植物生物量均低于白洋淀对应生物量。由底栖藻类、浮游藻类生物量可以推算出与其对应的初级生产力（蔡琳琳等，2013；裴国凤等，2010），因此，在富营养化的海河河口，底栖藻类初级生产力远低于浮游藻类初级生产力，底栖藻类在生态系统中的功能，尤其初级生产力比较有限。

（2）WQI 对流域典型湿地 GPP、R_{24} 和 P_n 影响。Mulholland（2005）认为，湿地代谢是一个潜在的评价水体状态的优良指标。湿地代谢与水文、河岸，及河道内的植被、地貌、气候、化学和生物学方面的环境和集水区的给排水条件有复杂的相互关系，能综合反应湿地生态系统功能，因此可用来评估湿地状态。1956年，Odum（1956）最先使用河流代谢方法来调查河流和流域的特征，即采用水生态系统初级生产力、群落呼吸速率和净生产力来表征水体特征。Young（2004）提出了基于初级生产力和呼吸速率的河流评价分类标准，通过监测断面和参考断面的比值来判断河流健康程度。WQI 综合考虑了多个水质指标，能较好地反映水体水质状态。本研究中，北运河 GPP、R_{24}、P_n 与 WQI 显著相关（$p<0.05$），白洋淀 GPP、R_{24}、P_n 与 WQI 也显示重要相关（$p<0.05$），而海河河口相关性不显著（$p>0.05$）。WQI 显示，北运河水质比白洋淀差。GPP、R_{24}、P_n 显示北运河初级生产力、呼吸速率及净生产力均低于白洋淀。很显然，这两个生态单元初级生产力、群落呼吸速率高低与其水质优劣基本一致，也与其受人类活动干扰程度相吻合，能较好评价水体水质状态。海河河口则不适用，GPP、R_{24}、P_n 不能很好指示河口水质状态。

GÜCker（2009）对赛罗拉多热带草原的河流进行代谢变化研究发现，高营养会导致初级生产力和呼吸速率的快速增长。显然，TN、TP 等营养物质对调节湿地 GPP、R_{24} 变化起着重要作用（Tsuyoshi et al., 2013），然而营养物质并非越高越好。由于水体流速较缓，北运河、白洋淀 GPP、R_{24} 和 P_n 变化则主要是由于水体营养状态（Lehman et al., 2008; Tsuyoshi et al., 2013; Caffrey et al., 2014）引起的。本研究中，北运河初级生产力、群落呼吸速率与综合水质指数呈正相关，但非线性，而是水质很差的地方较为稳定，水质较好时有所增加，这是因为部分时段水体发黑发臭、溶解氧低，不利于水生植物的生长，从而限制初级生产力增长。白洋淀初级生产力与综合水质指数呈负相关关系，主要是由于水质较好时，增多的营养物质促进了附着藻类的生长，同时为光合作用提供了丰富的碳源，促进初级生产力增长；呼吸速率与综合水质指数呈负相关关系，但是关系呈非线性，而是在水质较好的地方趋于稳定，这可能是由于水质较好的地方，营养物质和有机碳含量较低，一定程度上限制了生物群落的呼吸代谢，也可能与细菌在低营养状态下生长缓慢，相对稳定有关。由于淡水流入、潮汐冲刷作用，海河河口大气复氧作用强烈，河口湿地 GPP、R_{24} 和 P_n 变化则主要是由于水体营养状态、水动力特性（Arnon et al., 2007; Nidzieko et al., 2014; Garcia et al., 2015），甚至生物摄食（Drits et al., 2015）等环境因素综合作用引起的，因而其初级生产力和群落呼吸速率与水质相关性较弱。

（3）水动力特性对流域典型湿地 GPP、R_{24} 和 P_n 的影响。不同的气象、水文水动力要素、地理环境等条件影响系统初级生产力和群落呼吸速率。相对于河口，北运河水深较浅，流速较缓，白洋淀是相对封闭的淡水湖泊，水动力的扰动对初级生产力影响较弱，水体透明度较高，光强能够到达深层，满足水生植物的生长需要，因而初级生产力较高。除了温度和光强，初级生产力和群落呼吸速率还受到营养盐及水量的限制。在模拟时段的夏季，白洋淀温度较高，光照较强，营养盐充足，加之蒸发作用明显，水量较少，初级生产力和群落呼吸作用达到最高值。海河河口泥沙分为河床质和悬移质泥沙两种，中值粒径分别为 0.0047~0.0048mm 和 0.0058~0.0106mm，均为淤积质，颗粒极细（裴艳东等，2009）。受到淡水冲刷、强大风浪，及潮汐作用后，极易扬起，水体浑浊度高，浮游、底栖藻类初级生产力经常受到光照的限制（Cabecadas, 1999; Liess et al., 2015），使其生产力降低。但也有学者认为河口最大浑浊带的湍流混合过程增大了浮游植物细胞光合作用的机会，加上重力环流造成的营养物质滞留、再悬浮过程中底栖藻类对最大浑浊带水体中叶绿素的贡献，以及锋面的强烈辐合聚集作用使浮游藻类在锋面附近出现高值现象（黄小平，2002）。Azevedo（2014）在研究欧洲杜罗河口的发现，当上游浮游藻类和营养物输入较低，低光强、高流量的条件下，浮游藻类生物量降低。北圣弗朗西斯科河口，当淡水流入水量降至 100~350 $m^3 \cdot s^{-1}$，硅藻水华发生（Cloern et al., 1983）。然而在一些河口，由于受营养负荷的限制，浮游藻类生物量随淡水入流水量增加而增加（Mallin et al., 1993; Ramus et al., 2003）。因此，对于不同河口，限制初级生产力的因素不同。通径系数分析显示，海河河口初级生产力主要受光照、营养盐、溶解氧，及淡水入海流量的限制。淡水来源包括降水和径流，海河河口附近年降水量约 550mm，由于上游水利工程的修建和蓄水，入海径流量锐减，引发了一系列环境问题，如泥沙淤积和水环境污染等（雷坤等，2007）。海河河口潮流基本为往复流，潮流的混合和扩散促进生物—物理过程在混合层内充分耦合，使水体中溶解氧浓度提高，同时提高了上升流区浮游植物生长所需的丰富营养物质，因此直接控制着浮游藻类的生长过程（Petrovskii, 1999），某种程度上影响系统初级生产力和群落呼吸速率（Chen, 2000），从而影响初级生产力、群落呼吸速率与水质、水动力的相关性。

（4）生物摄食作用对流域典型湿地 GPP、R_{24} 和 P_n 的影响。浮游动物、底栖无脊椎动物、鱼类通过摄食作用影响浮游藻类、底栖藻类、大型水生植物的生物量或结构（Duffy et al., 2003），从而直接或间接影响系统初级生产力和群落呼吸速率（Downing, 2002）。由表 7-3 可以看出，北运河浮游动物生物量对初级生产力、群落呼吸速率有显著影响，这与北运河水质有关。北运河由于水体污染严重，鱼虾种类及数量很少，浮游动物优势种群为轮虫、枝角类耐污种（高彩凤，2012），这些浮游动物以微型藻类、有机碎屑为主要食物（蔡琳琳等，2013）。6~9 月，蓝藻数量较多，为浮游动物提供了丰富的食物，促使轮虫、枝角类大量增殖，所以轮虫、枝角类生物量与初级生产力、群落呼吸速率显著相关（表 4-7）。

白洋淀除了浮游动物、鱼类生物量与初级生产力、群落呼吸速率显著相关（表 7-3），这与白洋淀水生植物群落结构及水生动物食性有关。在模拟时段，相对于浮游动物和底栖昆虫，白洋淀鱼类生物量较高，且个体较大，鱼类摄食植物性和动物性食物，故通过直接摄食或食物网作用影响初级生产者（Duffy, 2003），进而影响系统初级生产力。在春、夏、秋季，白洋淀浮游藻类、底栖藻类，及大型水生植物生物量较高，为浮游动物、底栖无脊椎动物、鱼类提供了丰富的食物，促使其大量增殖，因此，浮游动物、底栖无脊椎动物、鱼类生物量均与群落呼吸速率相关（表 5-10）。尽管水生动物的摄食作用对白洋淀初级生产力和群落呼吸速率具有重要意义，但通径系数分析表明，水生动物的摄食作用并非影响系统初级生产力和群落呼吸速率的首要因子（表 5-11～表 5-12）。

由表 7-3 可知，海河河口浮游动物生物量与初级生产力、群落呼吸速率相关性显著。在春、夏季，海河河口浮游绿藻为优势种群，浮游动物以捕食单细胞微型藻类为主（Kim et al., 2000; Flores et al., 2005），浮游绿藻的大量增殖促使了浮游动物如轮虫、桡足类的种类、数量增加，从而影响系统初级生产力和群落呼吸速率。通径系数分析表明，桡足类的摄食作用影响河口初级生产力（表 6-11），轮虫影响群落呼吸速率（表 6-12），尽管两者的直接作用系数并不高，但其通过其他因子如营养物、水量的间接作用影响河口初级生产力和群落呼吸速率。

六、小结

北运河、白洋淀和海河河口尽管纬度相近，均位于海河流域，但其优势群落生物量、生态系统初级生产力、群落呼吸速率和净生产力存在显著差异。北运河和白洋淀初级生产力各点变化较大，海河河口没有显著差异，三个湿地初级生产力分别为白洋淀>北运河>海河河口。北运河群落呼吸速率各点变化较大，白洋淀居中，海河河口差异最小，其群落呼吸速率分别为白洋淀>北运河>海河河口。相对于北运河、白洋淀初级生产力和群落呼吸速率，其净生产力年际差异较小，且均值小于零，海河河口净生产力无显著差异，高于北运河和白洋淀。

海河流域三个生态单元不同季节 WQI 值差别较大。北运河 WQI 值最低，范围为 26.15～38.46，白洋淀 WQI 值最高，范围为 81.72～86.01，海河河口 WQI 值居中，范围为 45.00～53.00。$ANOVA$ 结果表明，WQI 值在不同生态单元具有显著差异，F 值为 51.56，P 值为 0.098。海河流域典型湿地 GPP、R_{24}、P_n 与 WQI 的 Pearson 相关性分析表明，除海河河口外，北运河和白洋淀所有的指标均与综合水质指数在 $\alpha=0.01$ 的水平上显著相关。回归分析进一步表明，北运河 GPP、R_{24} 与 WQI 符合二次多项式方程，P_n 与 WQI 呈线性负相关，其决定系数 R^2 分别为 0.519、0.607 和 0.486。白洋淀 GPP 与 WQI 呈线性负相关，R_{24} 和 P_n 符合二次多项式方程，净初级生产力随水质变好先快速上升，后趋于稳定，其决定系数 R^2 分别为 0.443、0.665 和 0.404。海河河口 GPP、R_{24} 和 P_n 决定系数 R^2 分别为 0.434、0.443 和 0.352。冗余分析进一步表明，北运河、白洋淀生产力指标能较好评价水体水质状态，河口湿地因水动力条件复杂，其对于水质状态响应相对不敏感。

北运河 GPP、R_{24} 与水量季节变化一致，呈正相关；白洋淀 GPP、R_{24} 与水量季节变化呈负相关；海河河口 GPP、R_{24} 与水量季节变化不相关。相对于北运河和白洋淀，海河河口 GPP 与水体流速重要相关，但非线性相关。

北运河浮游动物生物量与初级生产力、群落呼吸速率显著相关，这与北运河水质污染严重，浮游动物轮虫、枝角类耐污种成为优势种群有关。除了浮游动物，白洋淀鱼类生物量与初级生产力、群落呼吸速率显著相关，这与白洋淀水生植物群落结构及水生动物食性有关。海河河口浮游绿藻的大量增殖促使了浮游动物如轮虫、桡足类的种类、数量增加，从而影响系统初级生产力和群落呼吸速率。

总之，北运河因闸坝拦截作用，流速较缓，白洋淀湖泊因相对封闭，水动力的扰动对其初级生产力影响较弱，湿地 GPP、R_{24}、P_n 受水质的影响较大，水生动物的摄食作用并非影响系统初级生产力和群落呼吸速率的首要因子。而海河河口因受到淡水流入和潮汐冲刷的双重作用，水动力作用显著，其 GPP、R_{24}、P_n 是水质、水动力特性、生物摄食等环境因素综合作用的结果。

参考文献

[1] Srebotnjak T, Carr G, de Sherbinin A, et al. A global Water Quality Index and hot-deck imputation of missing data[J]. Ecological Indicators, 2012, 17: 108-119.

[2] Zampella, R A, Bunnell J F, Laidig K J, et al. Using multiple indicators to evaluate the ecological integrity of a coastal plain stream system[J]. Ecological Indicators, 2006, 6(4): 644-663.

[3] Simoes S F, Moreira A B, Bisinoti M C, et al. Water quality index as a simple indicator of aquaculture effects on aquatic bodies[J]. Ecological Indicators, 2008, 8(5): 476-484.

[4] Sánchez E, Colmenarejo M F, Vicente J, et al. Use of the water quality index and dissolved oxygen deficit as simple indicators of watersheds pollution[J]. Ecological Indicators, 2007, 7(2): 315-328.

[5] Štambuk-Giljanović N. Comparison of Dalmatian Water Evaluation Indices[J]. Water Environment Research, 2003, 75(5): 388-405.

[6] Pesce S F, Wunderlin D A. Use of water quality indices to verify the impact of Córdoba City (Argentina) on Suquía River[J]. Water Research, 2000, 34(11): 2915-2926.

[7] Debels P, Figueroa R, Urrutia R, et al. Evaluation of Water Quality in the Chillán River (Central Chile) Using Physicochemical Parameters and a Modified Water Quality Index[J]. Environmental monitoring and assessment, 2005, 110(1-3): 301-322.

[8] Ma Z, Song X F, Wan R, et al. A modified water quality index for intensive shrimp ponds of Litopenaeus vannamei[J]. Ecological Indicators, 2013, 24:287-293.

[9] Jonnalagadda S B, Mhere G. Water quality of the Odzi River in the eastern highlands of Zimbabwe[J]. Water Research, 2001, 35(10): 2371-2376.

[10] Yan J X, Liu J L, Ma M Y. In situ variations and relationships of water quality index with periphyton function and diversity metrics in Baiyangdian Lake of China[J]. Ecotoxicology, 2014, 23(7):495-505.

[11] Hil W R, Boston H L. Community development alters photosynthesis-irradiance relations in stream periphyton[J]. Limnology and Oceanograpy,

1991, 36(17):1375-1389.

[12] Rodríguez P, Vera M S, Pizarro H, et al. Primary production of phytoplankton and periphyton in two humic lakes of a South American wetland[J]. Limnology, 2012, 13(3):281-287.

[13] 刘佩佩, 白军红, 赵庆庆, 等. 湖泊沼泽化与水生植物初级生产力研究进展[J]. 湿地科学, 2013, 11(3): 392-397.

[14] 汪益嫔, 张维砚, 徐春燕, 等. 淀山湖浮游植物初级生产力及其影响因子[J]. 环境科学, 2011, 32(5): 1249-1256.

[15] 蔡琳琳, 朱广伟, 李向阳. 太湖湖岸带浮游植物初级生产力特征及影响因素[J]. 生态学报, 2013, 33(22): 7250-7258.

[16] 裴国凤, 洪晓星. 东湖底栖藻类群落的初级生产力[J]. 中南民族大学学报（自然科学版）, 2010, 29(4): 27-31.

[17] Mulholland P J, Houser J N, Maloney K O. Stream diurnal dissolved oxygen profiles as indicators of in-stream metabolism and disturbance effects: Fort Benning as a case study[J]. Ecological Indicators, 2005, 5(3):243-252.

[18] Odum H T. Primary production in flowing waters[J]. Limnology and Oceanography, 1956, 1(2):102-117.

[19] Young R, et al. Functional indicators of river ecosystem health: an interim guide for use in New Zealand[J]. Cawthron Institute Report, 2004, 870:495-523.

[20] GÜCker B, BoËChat I G, Giani A. Impacts of agricultural land use on ecosystem structure and whole-stream metabolism of tropical Cerrado streams[J]. Freshwater Biology, 2009, 54(10): 2069-2085.

[21] Lehman P W, Sommer T, Rivard L. The influence of floodplain habitat on the quantity and quality of riverine phytoplankton carbon produced during the flood season in San Francisco Estuary[J]. Aquatic Ecology, 2008, 42(3): 363-378.

[22] Tsuyoshi K, Timothy J R, Darren S R, et al. Gross primary productivity of phytoplankton and planktonic respiration in inland floodplain wetlands of

第七章
典型湿地功能空间变化及环境影响机制 | 145

southeast Australia: habitat-dependent patterns and regulating processes[J]. Ecological Research, 2013, 28(5): 833-843.

[23] Caffrey J M, Murrell M C, Amacker K S, et al. Seasonal and inter-annual patterns in primary production, respiration, and net ecosystem metabolism in three estuaries in the northeast gulf of Mexico[J]. Estuaries Coasts, 2014, 37 (1): 222-241.

[24] Arnon S. Influence of Flow Conditions and System Geometry on Nitrate Use by Benthic Biofilms: Implications for Nutrient Mitigation[J]. Environmental science & technology, 2007, 41(23): 8142-8148.

[25] Nidzieko N J, Needoba J A, Monismith S G, et al. Fortnightly tidal modulations affect net community production in a mesotidal estuary[J]. Estuaries and Coasts, 2014, 37 (Suppl 1): S91-S110.

[26] Garcia E A, Pettit N E, Warfe D M, et al. Temporal variation in benthic primary production in streams of the Australian wet-dry tropics[J]. Hydrobiologia, 2015, 760(1):43-55.

[27] Drits A V, Arashkevich E G, Nikishina A B, et al. Feeding of dominant zooplankton species and their grazing impact on autotrophic phytoplankton in the Yenisei Estuary in autumn[J]. Oceanology, 2015, 55(4): 573-582.

[28] 裴艳东，王云生，范昌福，等．天津市潮间带表层沉积物的类型及其分布[J]．地质通报，2009, 28(7): 915-922.

[29] Cabecadas L. Phytoplankton production in the Tagus estuary (Portugal)[J]. Oceanologica Acta, 1999, 22(2): 205-214.

[30] Liess A, Faithfull C, Reichstein B, et al. Terrestrial runoff may reduce microbenthic net community productivity by increasing turbidity: a Mediterranean coastal lagoon mesocosm experiment[J]. Hydrobiologia, 2015, 753(1): 205-218.

[31] 黄小平,黄良民.河口最大混浊带浮游植物生态动力过程研究进展[J]. 生态学报，2002, 22(9): 1527-1533.

[32] Azevedo I C, Bordalo A A, Duarte P M. Influence of freshwater inflow variability on the Douro estuaryprimary productivity: A modelling study[J]. Ecological modelling, 2014, 272: 1- 15.

[33] Cloern J E, Alpine A E, Cole B E, et al. Riverdischarge controls phytoplankton dynamics in the northern San-Francisco Bayestuary[J]. Estuarine Coastal and Shelf Science, 1983, 16(4): 415.

[34] Mallin M, Paerl H, Rudek J, et al. Regulation of estuarine primary pro-duction by watershed rainfull and river flow[J]. Marine Ecology Progress Series, 1993, 93:199-203.

[35] Ramus J, Eby L, McClellan C, et al. Phytoplankton forcing by arecord freshwater discharge event into a large lagoonal estuary[J]. Estuaries, 2003, 26(5):1344-1352.

[36] 雷坤，孟伟，郑丙辉，等. 渤海湾西岸入海径流量和输沙量的变化及其环境效应[J]. 环境科学学报，2007, 27(12): 2052-2059.

[37] Petrovskii S V. On the plankton f ront waves accelerated by marine turbulence[J]. Journal of Marine Sysytems, 1999, 21(1-4):179-188.

[38] Chen F, Annan J D. The influence of different turbulence schemes on modeling primary production in 1D coupled physical-biological model[J]. Journal of Marine System, 2000, 26(3-4): 259-288.

[39] Duffy J E. Biodiversity loss, trophic skew and ecosystem functioning[J]. Ecology letters, 2003, 6(8): 680-687.

[40] Downing A L, Leibold M A. Ecosystem consequences of species richness and composition in pond food webs[J]. Nature, 2002, 416(6883): 837-841.

[41] 高彩凤. 北运河水系水生态调查及水质评价[D]. 新乡：河南师范大学硕士学位论文，2012.

[42] Kim H W, Hwang S J, Joo G J. Zooplankton grazing on bacteria and phytoplankton in a regulated large river (Nakdong River，Korea)[J]. Journal of Plankton Research, 2000, 22(8) : 1559-1577.

[43] Flores B J, Sarma S S, Nandini S. Effect of Single Species or Mixed Algal (Chlorella vulgaris and Scenedesmus acutus) Diets on the life Table Demography of Brachionus caLycifloru sand Brachionus patulus (Rotifera: Brachionidae)[J]. Acta hydrochimica et hydrobiologica, 2005, 33(6): 614-621.